과학을 연결하는
최소한의 양자역학

과학을

연결하는

최소한의

양자역학

지구 생물부터
우주 행성까지,

세상을 해석하는
양자역학 이야기

김상협
지음

지상의 책

양자역학이 연결하는
과학의 세계로 초대합니다!

양자역학을 공부할 때 궁금한 점이 많았습니다.

그중 가장 근본적인 질문이 있었죠. 양자역학을 내가 제대로 이해하고 있는 것일까? 수식을 다루는 일이 낯설었던 것은 아닙니다. 학교에서 배우는 과정이라면 파동함수도 풀고, 슈뢰딩거 방정식도 어떻게든 계산해 낼 수 있었습니다. 더하여 교과서에서 제시한 풀이 방법과 그 물리적인 의미도 제가 이해한 대로 학생들에게 가르치기도 했습니다. 하지만 연필을 내려놓고 나면 항상 같은 질문이 남았습니다.

양자역학에서는 전자가 동시에 여러 상태에 존재한다고 했습니다. 관측하기 전까지는 어디에 있는지 알 수 없다고 했죠.

입자이면서 파동이라고도 했습니다. 계산은 맞는데, 계산이 가리키는 세계를 그럴싸하게 이해하는 일은 또 다른 문제였습니다. 수식은 답을 정확하게 알려 줬지만, 질문은 여전히 저를 붙잡았습니다. 공부를 해도 머릿속 어딘가에 늘 안개가 끼어 있는 느낌이랄까요. 그래서 저는 자꾸 비유를 찾아 나섰습니다.

최신 스마트폰 카메라로 찍은 사진을 손가락으로 계속 확대해 보면, 어느 순간 흐릿한 모자이크 픽셀을 만납니다. 더 이상 쪼갤 수 없는 최소 단위, 화면이 표현할 수 있는 가장 작은 조각이죠. 양자역학이 말하는 플랑크 상수가 이런 것일까요? 자연이 가진 가장 작은 '픽셀' 같달까요. 그 아래로는 더 내려갈 수 없다는 점에서요. 엘리베이터를 타는 것과 경사로를 걷는 것의 차이도 양자역학과 비슷한 이야기를 합니다. 경사로에서는 어떤 높이에든 설 수 있죠. 하지만 엘리베이터는 1층, 2층, 3층처럼 정해진 층에만 섭니다. 원자 속 전자도 그렇습니다. 아무 에너지나 가질 수 없고, 허용된 층에만 머뭅니다. 그 사이에는 존재할 수 없어요. 이런 비유들이 완벽하지 않다는 것은 압니다. 하지만 낯선 세계로 들어가는 첫 번째 문을 여는 데는, 수식보다 비유가 더 친절할 때가 있습니다.

그러다 문득 이런 생각이 들었습니다.

'혹시, 나만 그렇지는 않을 거야.'

과학에 관심은 있지만 전공자는 아닌 분들이 있습니다. 뉴스에서 '양자 컴퓨터', '양자 암호', '양자 통신' 같은 말을 들을 때마다 뭔가 중요한 이야기인 듯하여 귀를 기울이지만, 정작 그게 왜 대단한 건지 감이 잡히지 않는 분들이죠. 또는 학교에서 양자역학을 배웠는데도, 그게 세상과 어떻게 연결되는지 여전히 막막한 분들도 있습니다.

이분들이 정말 알고 싶은 것은 수식 그 자체가 아니라, 양자역학이 우리 세계를 어떻게 바꾸어 놓았는가 하는 이야기입니다. 반도체가 어떻게 탄생했는지, 휴대폰이 왜 양자역학의 산물인지, 지금 이 순간에도 전 세계가 경쟁하듯 개발하는 양자 컴퓨터가 무엇을 할 수 있는지. 이런 질문들은 수식 없이도 충분히 탐구할 수 있습니다. 양자역학을 '배우는' 것이 아니라 양자역학이 열어젖힌 세상을 '이해하는' 것이 목표라면, 이 책이 그 길을 함께 걸어 줄 수 있습니다.

이 책은 그런 분들 모두를 위해 썼습니다.

수식 없이 양자역학을 제대로 이해할 수 있다고 말하면 거짓말입니다. 수식은 양자역학에 확고한 믿음을 줍니다. 이 책은 수식 없이 양자역학을 조금 아는 척하고 싶은 분들에게 좀 두터운 믿음을 주고자 하는 책입니다.

'아! 이 정도 알고 있다면, 나는 양자역학을 좀 아는구나.'

차례

4

붕괴해야 할 별이
아직도 빛나고 있다면?
별을 보존하는 양자역학

1.

검은 선의
정체를 밝혀라!

빛 속을 헤엄치는
양자역학

"원자핵 발견!"

앵커 "시청자 여러분, 안녕하십니까. 오늘의 긴급 속보입니다.

맨체스터대학의 러더퍼드 박사가 원자 안에 핵이 있다는 결과를 발표했습니다. 기존의 원자 이론이 완전히 뒤집혔다고 하는데요. 지금 바로 현장으로 연결합니다."

[현장 연결 - 맨체스터대학 실험실]

기자 "네, 여긴 맨체스터대학 실험실입니다. 열정적인 연구원들이 아직도 실험 장비를 정리 중입니다. 오늘의 주인공, 어니스트 러더퍼드 박사가 제 옆에 나와 있습니다. 박사님, 축하드

인터뷰하는 러더퍼드

립니다! 지금 '금박 실험'이 과학계를 뒤흔들고 있습니다. 간단히 어떤 실험인지 설명해 주시죠."

러더퍼드 "간단히 말하자면, 저희는 아주 얇은 금박에 무거운 '알파입자'*를 쏘았습니다. 금박은 원자 한두 겹으로 되어 있어서 거의 투명할 정도로 얇습니다. 그래서 저희는 대부분의 알파입자가 얇은 금박을 그대로 통과할 거라 예상했죠. 그런데 놀랍게도, 아주 일부 입자들이 반대 방향으로 튕겨 나왔습니다! 이건 마치 얇은 종이에 포탄을 쐈는데 포탄이 되튕겨 나온 것과 비슷합니다."

---

*　양전하(+)를 띠는 무거운 입자로, 나중에 헬륨의 원자핵으로 밝혀졌습니다.

기자 "포탄이 종이에 맞고 되돌아왔다고요? 그렇다면 그 안에 뭐가 있는 겁니까?

러더퍼드 "원자 내부에 포탄을 튕겨낼 정도로 매우 단단한 무언가가 있다는 뜻입니다. 우리는 그걸 원자핵^{nucleus}이라고 부르기로 했습니다. 원자핵은 양전하(+)를 띠고 원자 대부분의 질량이 집중된 것으로 보입니다. 그리고 음전하(-)를 띠는 전자는 핵 주변을 돌고 있으리라고 생각합니다. 따라서 우리는 양전하가 푸딩처럼 퍼져 있다고 믿어 왔던 톰슨의 '건포도 푸딩 원자 모형'은 이제 폐기해야 합니다!"

기자 "충격적이네요. 원자 속에 그토록 단단한 핵이 있다니. 지금까지의 상식이 완전히 바뀌겠군요.
　　여기까지 맨체스터대학 실험실이었습니다."

[스튜디오 복귀 - 패널 토론 시작]

앵커 "자, 러더퍼드 박사의 실험 결과를 두고 과학계는 벌써 뜨겁습니다.
　　오늘 패널 세 분을 모셨습니다. '푸딩 모형'을 주장하신 조지프 존 톰슨 박사, '양자^{quantum} 개념'을 제시한 막스 플랑크 교

왼쪽부터 차례대로 톰슨, 플랑크, 보어

수, 마지막으로 젊은 이론가 닐스 보어 박사입니다. 세 분 모두 어서 오세요.”

톰슨 “솔직히 아주 불편하군요! 제 모형은 양전하가 고르게 퍼진 덩어리였습니다. 그 안에 음전하인 전자가 박혀 균형을 이루죠. 그런데 그 전하가 한곳에 몰려 있다? 말도 안 됩니다. 같은 전하는 서로 밀어내잖아요!”

보어 “하지만 박사님, 일부 알파입자가 튕겨 나왔다는 말은 그 안에 정말 ‘집중된 양전하’가 존재한다는 뜻 아닐까요?”

톰슨 “그렇다면 전자는요? 계속 돌면 에너지를 잃고 결국 핵에 떨어져 버릴 텐데요? 원자가 유지될 리가 없어요!"

보어 "그건 저도 고민입니다. 하지만 실험이 그렇게 말하고 있잖아요."

앵커 "이쯤에서 플랑크 교수님이 조용히 웃고 계신데, 새로운 해석이 있으신가요?"

플랑크 "흠, 저도 예전에 '흑체복사'* 실험을 하면서 비슷한 문제에 부딪힌 적이 있지요. 고전 물리학으로는 도저히 설명이 안 되더군요. 그래서 '에너지가 연속적으로 변하는 게 아니라 작은 덩어리, 즉 양자 단위로 흡수되고 방출된다'고 가정했습니다. 그랬더니 모든 실험값이 딱 들어맞았어요."

앵커 "오~ 그러니까 빛의 에너지가 작은 알갱이처럼 존재한다는 얘기군요?"

플랑크 "맞습니다. 원자 내부에서도 전자의 에너지가 이렇게 끊어진 단계로 존재할 수 있겠지요. 흑체복사도 결국 원자에서

---

* 온도에 따라 특정 파장의 빛을 방출하는 물체의 복사 현상을 말합니다. 양자 역학의 시초가 되었습니다.

나오는 빛이거든요."

보어 "플랑크 교수님. 실제로 수소 원자에서는 불연속적인 선 스펙트럼이 나옵니다. 그렇다면, 이건 원자핵을 도는 전자의 움직임과 관계가 있겠네요. 전자가 아무 궤도나 도는 것이 아니라 특정 에너지 궤도에만 있는 것일지도요. 아무래도 러더퍼드 교수님이 원자핵 그 이상을 발견한 것 같습니다."

앵커 (클로징) "네, 정말 뜨거운 토론이었습니다. 톰슨의 푸딩 모형, 러더퍼드의 원자핵, 플랑크의 양자, 그리고 새로운 발견이 기대되는 보어 박사까지. 요즘 과학의 시대는 정말 빠르게 변하네요.

다음 시간엔 후속 보도로, 보어 박사님의 새로운 모형, '전자 궤도와 빛의 비밀' 편으로 찾아뵙겠습니다!

지금까지 브레이킹뉴스 속보였습니다."

사라진 색과 우주의 비밀

1.

1802년 런던, 구름이 낮게 드리운 오후. 잠시 구름이 걷히며 햇빛이 비칩니다. 빛은 낡은 실험실의 좁은 창문을 통과해서 유리 프리즘에 부딪혔습니다. 순간, 빛은 여러 색으로 갈라지며 테이블 위를 무지갯빛으로 물들였습니다. 이 실험을 하고 있던 사람은 영국 왕립학회 회원인 윌리엄 하이드 울러스턴입니다. 그는 의사이자 화학자였고, 빛과 시각에 관심이 깊은 과학자였습니다.

그날의 실험은 단순했습니다. 뉴턴이 빛을 분해한 지 100년이 지난 시점에서, 울러스턴은 다시 묻고 있었습니다.

태양의 스펙트럼에서 보이는 검은 선

"색은 연속일까? 구분되어 있을까?"

그는 프리즘 앞에 슬릿(좁은 틈)을 두어 빛을 한 줄로 통과시켰습니다. 빛의 띠는 더 선명해졌지만, 그는 그 안에서 이상한 것을 보았습니다. 붉은색과 노란색 사이, 초록과 파란색 사이에 가느다란 검은 선이 있었습니다. 단순히 빛이 약해진 부분이 아니라, 빛이 완전히 사라진 어둠의 선이었습니다.

울러스턴은 프리즘을 돌려 보고, 유리를 바꾸고, 빛의 방향을 바꾸어 보았습니다. 하지만 검은 선들은 항상 같은 자리에 나타났습니다. 그는 그 위치를 종이에 스케치하며 '스펙트럼의 자연스러운 경계선'이라 적었습니다. 그는 편리하게 내릴 수 있는 가장 쉬운 해석을 하고 말았습니다. 그러고는 만족스러운 표정을 지었죠.

그는 이 현상을 빛의 분해 과정에서 생긴 현상으로 해석했습니다. 그 당시 과학계에서는 빛이 연속적인 파동이라는 생각이 높은 성벽처럼 버티고 있었습니다. 울러스턴은 그 성벽을 넘지 못했습니다. 그래서 그는 햇빛 속에 숨겨진 중요한 단서를 파고들지 못하고 단지 '처음 발견한 사람'으로 남을 수밖에 없었습니다.

역사 속 위대한 발견의 순간들 이면에는 분명 이와 같은 아쉬운 순간들이 많습니다. 울러스턴 역시 우연히 찾아온 석연치 않은 현상을 해석하여 역사에 남을 기회를 바로 눈앞에서 놓치고 맙니다.

2.

그로부터 몇 해 뒤, 독일 바이에른의 한 유리 공장. 열두 살 소년 요제프 프라운호퍼는 깨진 유리구슬을 들여다보고 있었습니다. 부모를 여읜 그는 먹고살기 위해 유리 깎는 일을 했습니다. 다른 아이들이 힘들다며 불평할 때, 프라운호퍼는 빛이 유리를 통과하며 보여 주는 색의 변화에 매료되었습니다. 세월이 흘러 그는 숙련된 렌즈 기술자가 되었고, 점점 더 정밀한 광학 기기를 만드는 일에 몰두했습니다.

그의 꿈은 가장 정밀한 망원경 렌즈를 만드는 일이었습니다. 좋은 렌즈란 단순히 깨끗한 유리가 아니라, 빛이 통과할 때 왜곡되지 않는 유리를 말했죠. 빛은 색마다 굴절되는 정도가 다릅니다. 그래서 빛이 프리즘을 통과하면서 퍼지듯, 렌즈에서도 색이 번져 보입니다. 이 문제를 해결하려면, 빛이 어떻게 작용하는지를 완전히 이해해야 했습니다. 그는 수없이 실험했습니다. 태양 빛을 슬릿에 통과시키고, 직접 만든 회절격자[*]를 이용해 빛을 정밀하게 분해했습니다. 그리고 마침내 그도 그것을 보았습니다.

무지갯빛 스펙트럼을 가로지르는 수많은 가느다란 검은 선들. 칼로 도려낸 듯한 날카로운 어둠의 실선들이었습니다. 그것은 한두 개가 아니었습니다. 10개, 30개, 50개, 100개, 결국 그는 570개가 넘는 어두운 선들이 스펙트럼 곳곳에 박혀 있다는 사실을 발견했습니다. 프라운호퍼는 실험을 반복하며 선들의 위치를 정확히 기록했습니다. 알파벳을 붙여 A, B, C, D_1, D_2… 등으로 하나하나 표시했습니다. 이 선들은 계절이 바뀌어도, 시간대가 달라져도 항상 같은 자리에 있었습니다.

그는 알았습니다. 햇빛 속에는 우리가 보지 못하는 특정 파장의 결핍, 즉 사라진 색이 숨어 있다는 사실을. 그 이유는 알 수 없었지만, 그는 확신했습니다. 햇빛에는 우리가 아직 해독하지 못한 정보가 들어 있었습니다.

다행히 울러스턴과 다르게 그의 이름은 역사에 남았습니다. 그가 남긴 선들은 훗날 '프라운호퍼선Fraunhofer lines'이라 불리게 됩니다. 프라운호퍼의 연구는 높은 성벽을 돌아 성을 열 수 있는 문 앞에 도착했지만, 아쉽게도 문 앞에서 멈췄습니다. 그

---

[*] 좁은 틈이 수없이 많이 모인 장치로, 빛을 통과시키면 여러 색의 빛으로 분리됩니다.

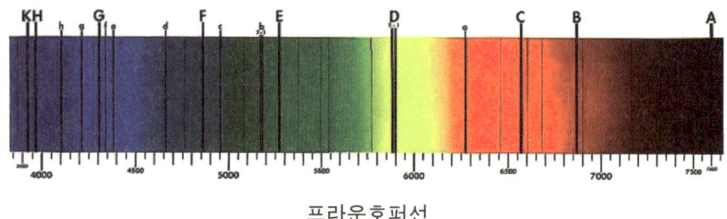

프라운호퍼선

는 과학자가 아닌 유리 장인이었습니다. 그래서 성문을 열 물리학의 열쇠가 없었습니다. 즉 빛의 근원을 해석할 이론적 기반이 부족했습니다. 하지만 그의 정밀한 기록 덕분에, 후대 과학자들은 우주의 비밀을 읽을 수 있는 빛의 사전을 갖게 되었습니다.

3.

1859년, 독일 하이델베르크. 조용한 연구실 안에서 알코올램프의 푸른 불꽃이 타오르고 있었습니다. 로베르트 분젠은 익숙한 손놀림으로 금속 막대를 불꽃 위에 올려놓았습니다. 금속 막대에 묻은 원소는 타면서 특별한 색의 불꽃을 냈습니다. 분젠은 그 빛으로 원소의 정체를 알아내는 법을 찾는 중이었습니다. 옆에서는 물리학자 구스타프 키르히호프가 회절격자를 조정하며 불꽃에서 나오는 빛을 관찰하고 있었습니다. 원소마다 색이 달랐고 같은 원소는 항상 같은 색깔로 빛났습니다. 실험은 단순했지만 좀처럼 결론이 나지 않았습니다.

그들은 나트륨을 불꽃에 넣었습니다. 선명한 노란색 불꽃이 타올랐고, 키르히호프는 그 빛을 분광기로 분석했습니다. 그 순간, 그는 스펙트럼 위에서 선명한 노란색 선 하나를 보았습니다.

"D선?"

놀랍게도 그 위치는 50년 전 프라운호퍼가 태양 빛에서 관찰한 검은 빈칸 D선과 정확히 일치했습니다.

"이건 태양 스펙트럼에서 검게 보였던 바로 그 자리잖아!"

키르히호프는 조용히 중얼거렸습니다. 수십 번을 관찰했지만 50년 전 프라운호퍼의 검은색 빈칸과 이 실험을 연결 지을 생각을 하지 못했습니다.

반면 분젠은 망설였습니다. 태양과 나트륨은 관련이 없어 보였기 때문이죠. 키르히호프는 혹시 몰라 다른 원소로 실험을 반복했습니다. 칼륨, 스트론튬, 칼슘…. 원소마다 불꽃의 색이 달랐고, 그 색을 분해한 스펙트럼은 모두 고유한 선의 패턴을 보여 주었습니다.

그중 일부는 놀랍게도 태양 스펙트럼의 검은 선들과 퍼즐처럼 정확히 겹쳤습니다. 키르히호프는 태양에서 만들어진 연속 스펙트럼 가운데 일부가 나트륨에 가려지거나 흡수되어 검은색 빈칸이 나타난 것이라고 결론 냈습니다. 그리고 태양에는

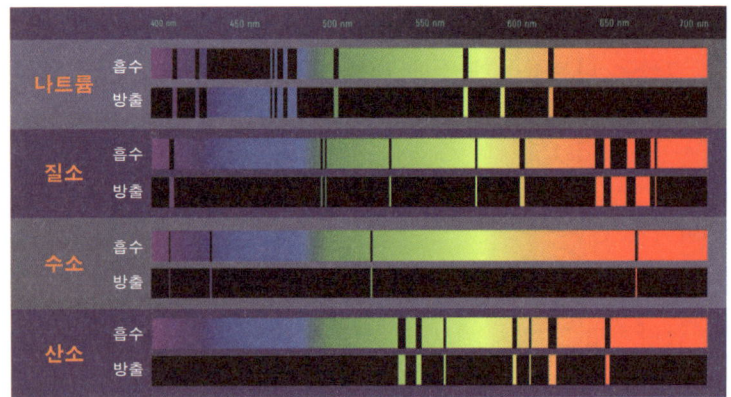

분젠과 키르히호프가 발견한
여러 원소의 흡수·방출 스펙트럼

나트륨 성분이 있을 것이라고 추측했죠. 그는 이 결과를 해석할 한 가지 가설을 제시했습니다.

"특정 원소는 고유한 색의 빛을 방출하기도 하고, 그 빛만 흡수할 수도 있다."

즉, 나트륨이 불타면 노란 D선을 방출하지만, 반대로 나트륨이 포함된 기체는 그 노란 D선의 빛만 흡수할 수도 있다는 말입니다. 이것이 바로 키르히호프 복사 법칙Kirchhoff's law of thermal radiation의 시작입니다. 태양에 직접 가지 않고도 태양에 나트륨 성분이 있다고 예상했듯이, 별에서 오는 빛을 분석해서 별의 구성 성분을 알아내는 방법을 제공한 것이었습니다. 이 연구는 오늘날 천체분광학spectroscopy*의 기초를 마련했습니다. 그들은 다음 해에 〈화학 원소의 스펙트럼과 태양 스펙트럼에 관한 연구〉라는 논문을 발표하며, 분광학의 새로운 장을 열었습니다.

하지만 그들에게는 아직 풀리지 않은 의문이 남아 있었습니다.

"왜 나트륨은 노란색 빛만 내는가?"

"왜 그 빛은 연속적인 색이 아니라 띠처럼 끊겨 있는가?"

그들은 대답하지 못했습니다.

그들은 성문을 열 수 있는 열쇠를 얻었으나, 성의 더 깊은 곳으로 들어가려면 성의 모든 문을 열 마스터키가 필요했습니다. 그리고 그 마스터키는 50년 후 양자역학이 등장하기 전까지 누구도 손에 넣지 못했습니다.

---

* 별빛으로부터 별에 관한 정보를 얻는 학문입니다.

원자의 진짜 모습을 밝히다

키르히호프와 분젠은 원소를 불꽃에 태울 때마다 다른 색이 나타난다는 사실을 발견했습니다. 분광기로 들여다보니 각 원소가 고유한 방출 스펙트럼을 갖고 있었습니다. 그중에서도 나트륨이 내뿜는 노란색 D선은 프라운호퍼가 태양 빛에서 찾아낸 D선과 정확히 일치했습니다. 태양 대기에 나트륨이 존재하고, 이 나트륨이 노란빛을 흡수한다는 증거였죠.

이때부터 질문이 바뀌었습니다.

"원자는 대체 왜 특정 파장만 골라서 흡수할까?"

원자 구조를 이해하지 않고는 답할 수 없는 문제였습니다. 당시만 해도 원자를 더는 쪼갤 수 없는 단단한 알갱이라고 믿었

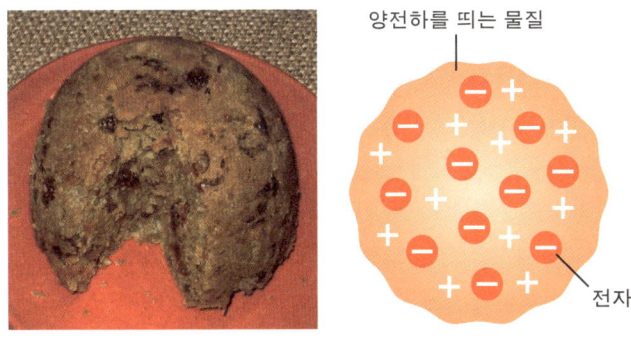

양전하를 띄는 물질

전자

톰슨의 푸딩 원자 모형

습니다. 그런데 1897년, 조지프 존 톰슨이 진공관에 전류를 흘려 보내는 실험을 하다가 음전하를 띤 아주 작은 입자를 발견했습니다. 전자였습니다. 이 발견은 원자가 생각보다 훨씬 복잡하다는 걸 의미했죠. 원자 안에 음전하를 띤 부품이 있다면, 원자는 더 이상 쪼개지지 않는 덩어리가 아니라는 뜻입니다.

톰슨은 원자 모형을 새로 그렸습니다. 양전하를 띤 푸딩처럼 생긴 덩어리 속에 전자들이 건포도처럼 박혀 있다고 생각했어요. 그래서 이를 건포도 푸딩 모형이라고 부릅니다.

이 모형은 원자가 양전하와 음전하를 갖고 있어 전기적으로 중성이라는 점은 설명했지만, 정작 중요한 질문엔 답하지 못했습니다. 전자들이 어떻게 배열되어 있는지, 왜 특정 파장만 흡수하는지는 몰랐죠.

20세기 초, 어니스트 러더퍼드가 이 문제를 파고들었습니

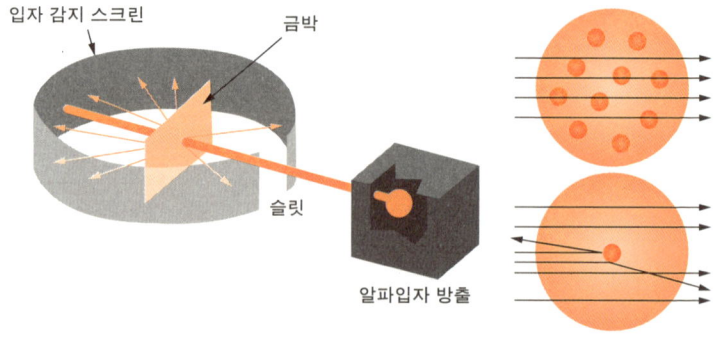

러더퍼드의 알파입자 산란 실험

다. 그는 원자 내부를 직접 볼 수 없으니 알파입자를 쏴서 반응을 보기로 했죠. 이것이 바로 가이거*, 마르스덴과 함께 1909년에 시작한 금박 실험입니다. 그는 금을 종이처럼 얇게 펴서 여기에 알파입자를 쏘고, 입자들이 어디로 튀는지 측정했습니다.

당시 이론대로라면 대부분의 입자가 그냥 통과하고, 일부만 살짝 휘어야 했습니다. 톰슨 모형처럼 양전하가 고르게 퍼져 있다면 입자가 강하게 반발할 이유가 없으니까요.

그런데 결과는 달랐습니다.

대부분은 예상대로 통과했지만, 몇몇 입자들은 30도, 60도, 심지어 180도로 완전히 튕겨 나왔습니다. 러더퍼드는 나중에

---

* 가이거는 알파입자 산란 실험에서 터득한 노하우로 이후 방사능 측정 기술을 연구해 가이거 계수기를 개발했습니다.

이렇게 말했죠.

"얇은 티슈에 포탄을 쐈는데 되튕겨 나오는 것 같았다."

이 현상을 설명할 방법은 하나뿐이었습니다. 원자 중심에 아주 작고 단단한 양전하 덩어리가 있다는 것. 바로 원자핵입니다. 러더퍼드는 이에 더해 전자가 원자핵 주위를 돌고 있다고 생각했습니다. 이로써 원자 내부가 어떻게 이루어져 있는지 대략적으로 밝혀졌습니다.

일단 원자핵이 얼마나 작은지는 축구장 비유가 유명합니다.

"원자를 축구장만큼 키우면 원자핵은 중앙에 앉은 파리만큼 작다. 그런데 파리의 무게는 축구장 전체 무게와 맞먹는다."

그러니 알파입자가 튕겨 나갈 만하죠.

전자가 어떤 식으로 돌고 있는지는 천문학자 칼 세이건의 비유를 들어 보면 어느 정도 감이 잡힙니다.

"원자핵이 모래알 크기라면 첫 번째 전자는 수 미터 밖에 있다."

원자 내부가 거의 비어 있다는 말입니다. 물리학자 리처드 파인먼은 아예 이렇게 말했습니다.

"우리가 만지고 느끼는 모든 물질은 사실 거의 완전히 빈 공간이다."

이처럼 원자핵의 발견은 단순한 과학적 사실을 넘어, 우리가 세상을 보는 방식 자체를 바꿔 놓았습니다.

러더퍼드는 원자핵을 발견하는 데서 멈추지 않았습니다. 그는 전자들이 원자핵 주위를 빙빙 돈다고 생각했죠. 마치 태양 주위를 도는 행성들처럼요. 중심에 태양 같은 원자핵이 있고, 그 주위를 전자들이 행성처럼 공전하는 구조. 그래서 그는 이 모델을 행성 모형planetary model이라 불렀습니다.

이 모델은 처음엔 꽤 그럴듯해 보였습니다. 알파입자 산란 실험 결과를 깔끔하게 설명했거든요. 대부분의 공간이 비어 있으니까 입자 대부분이 금박을 그냥 통과하는 것도 당연했고, 가끔 원자핵에 가까워지면 강하게 튕겨 나가는 것도 이해가 됐습니다. 톰슨의 푸딩 모형으로는 도저히 설명할 수 없던 현상

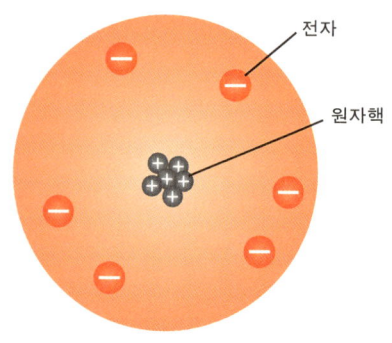

러드퍼드의 행성 모형

들이 이제 하나의 구조로 말끔히 정리된 겁니다.

그런데 문제가 있었습니다. 심각한 문제였죠.

전자처럼 전하를 띤 입자가 원운동을 하면 물리적으로는 가속 상태입니다. 고전 전자기학에 따르면 가속하는 전하는 반드시 에너지를 방출해야 합니다. 전파를 내보내듯 말이죠. 그렇다면 전자는 궤도를 돌면서 계속 에너지를 잃어야 하고, 결국엔 나선을 그리며 원자핵으로 떨어져야 합니다. 마치 연료가 떨어진 인공위성이 지구로 추락하는 것처럼요.

계산해 보면 상황은 더 암울합니다. 전자는 불과 100억분의 1초 만에 원자핵과 충돌할 겁니다. 그렇다면 우주의 모든 원자는 생기는 순간 붕괴해야 하고, 물질은 존재할 수 없습니다. 당연히 우리도 존재할 수 없죠.

또 다른 문제도 있었습니다. 전자가 연속적으로 에너지를 방출한다면 원자에서 나오는 빛도 연속 스펙트럼이어야 합니다. 무지개처럼 모든 색이 이어진 스펙트럼 말이죠. 하지만 실제로 원자는 띄엄띄엄한 선 스펙트럼을 보여 줍니다. 특정 파장에서만 빛이 나오고 흡수됩니다. 프라운호퍼선이 바로 그 증거였죠.

러더퍼드의 행성 모형은 실험 결과는 설명했지만, 정작 원자가 왜 안정한지, 왜 특정 파장만 관여하는지는 설명하지 못한 겁니다.

그럼에도 이 모형은 중요했습니다. 실험을 거쳐 원자 내부를 알아낸 최초의 이론적 모델이었으니까요. 러더퍼드는 실험 결과에 정직했고, 예상과 다른 결과를 기회로 삼아 새로운 과학적 구조를 제안했습니다. 비록 완성형은 아니었지만, 그의 발견은 이후 모든 원자 이론의 기반이 되었습니다. 무엇보다 '핵'이라는 중심 구조를 역사에 남겼죠.

이제 물리학은 새로운 질문을 마주했습니다.

"왜 전자는 궤도에서 떨어지지 않을까?"

"왜 빛은 특정한 에너지만 흡수하거나 방출할까?"

고전 물리학의 틀을 깨고 완전히 새로운 방식으로 생각해야 할 때였습니다.

전자가 에너지 계단을 오르내릴 때

이 질문에 답한 사람은 덴마크의 젊은 물리학자, 닐스 보어였습니다.

1900년대 초, 과학은 새로운 문턱 앞에 서 있었습니다. 고전 물리학으로 설명할 수 없는 현상들이 자꾸 현실에서 모습을 드러냈고, 그중 하나가 바로 원자의 구조였습니다.

보어는 코펜하겐 출신의 이론물리학자였습니다. 말수가 적고 내성적인 성격이었지만, 문제를 정면으로 파고드는 깊은 사고의 힘을 지닌 학자였죠. 그는 원자 구조에 관심을 갖고 덴마크의 국비 장학생으로 톰슨 교수가 있는 영국 케임브리지에 갑니다. 몇 달 후 러더퍼드가 원자핵을 발견했다는 소식을 접한 보어는 지도교수를 바꾸기로 합니다. 러더퍼드에게 편지를 쓴 것이죠.

"러더퍼드 교수님! 톰슨 교수는 여전히 자신의 모델에 만족하고 있습니다. 나는 당신의 원자 모형이 가진 의미를 더 이해하고 싶습니다."

보어는 바로 러더퍼드가 있던 맨체스터 연구소로 자리를 옮겼습니다. 톰슨 교수는 쿨하게 보어를 보내 주었어요. 그곳에서 그는 러더퍼드의 원자핵 모형이 지닌 치명적인 문제들을 보았습니다. 전자 붕괴, 연속 스펙트럼과의 불일치, 에너지 안정성 부족. 이 모든 문제가 머릿속을 떠나지 않았습니다.

당시 실험물리학은 이미 여러 신호를 보내고 있었습니다. 1900년, 막스 플랑크는 흑체복사 문제를 풀기 위해 에너지가 연속적이지 않고 작은 덩어리(양자)*로 흡수되고 방출된다는 가설을 내놨습니다. 1905년, 아인슈타인은 이를 광전 효과에 적용해 빛도 입자성을 가진다는 해석을 제시했죠.

보어는 이 개념을 원자에 적용하기로 했습니다.

"전자는 아무 궤도나 돌지 못하고, 정해진 궤도에만 존재할 수 있다."

보어의 모형을 비유하자면 이렇습니다. 건물에 계단이 없

---

* 에너지나 물리량이 연속적인 값을 가진 것이 아니라 더 이상 쪼갤 수 없는 최소 단위의 덩어리로 존재한다는 뜻입니다.

다고 생각해 보세요. 우리는 1층, 2층, 3층에 서 있을 수는 있지만 1.5층이나 2.3층 같은 중간 높이에는 절대 서 있을 수 없습니다. 계단이 거기 없으니까요. 전자도 마찬가지입니다. 특정한 에너지 궤도만 허용되고, 궤도와 궤도 사이에는 존재할 수 없습니다.

그렇다면 전자가 한 궤도에서 다른 궤도로 이동할 때는 어떻게 될까요? 1층에서 2층으로 올라가는 상황을 생각해 봅시다. 높은 층을 오르려면 에너지가 필요합니다. 그 에너지를 어디서 얻을까요? 바로 빛입니다. 전자가 빛을 흡수하면 에너지를 얻어 더 높은 궤도로 도약합니다. 반대로 2층에서 1층으로 내려올 때는 높이 차이만큼의 에너지를 빛으로 내보냅니다.

이것이 보어가 도입한 양자 도약quantum jump 개념입니다. 전자는 궤도에 머물러 있을 때는 에너지를 내지 않습니다. 오직 궤도 사이를 이동할 때만 빛을 주고받습니다. 그리고 그 빛의 에너지는 정확히 두 궤도 사이의 에너지 차이와 같습니다.

여기서 중요한 부분이 나옵니다. 궤도가 정해져 있다면, 궤도 사이의 에너지 차이도 정해져 있습니다. 따라서 전자가 내뿜거나 흡수하는 빛의 에너지도 정해진 값만 가능합니다. 연속적인 무지개가 아니라, 특정한 색깔만 나타나는 거죠. 바로 선스펙트럼입니다.

보어는 이 모델을 수소 원자에 적용했습니다. 그리고 계산

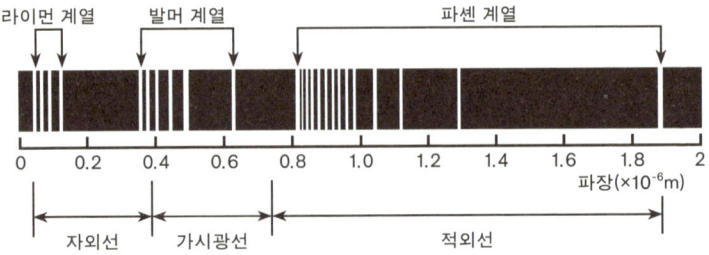

수소 원자의 선 스펙트럼

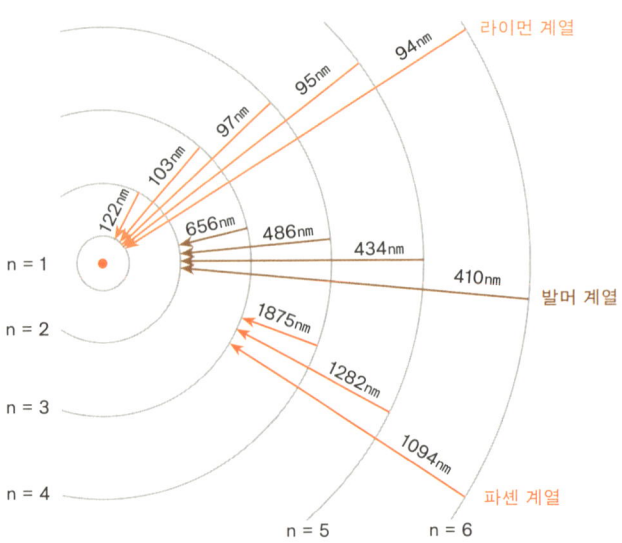

수소 원자에 대한 보어의 원자 모형

해 봤죠. 결과는 놀라웠습니다. 그의 식은 수소의 선 스펙트럼 관측값과 정확히 일치했습니다. 1800년대 후반부터 실험으로 측정되어 온 수소의 방출선들(라이먼 계열, 발머 계열, 파셴 계열*)이 수학적으로 정확히 예측되었습니다.

보어의 모형은 그럴듯한 모형이 아니었습니다. 정량적 예측이 가능한 이론적 모형으로, 단순히 '왜 그럴까?'에 따른 답이 아니라 '그 값은 얼마인가?'라는 질문에 숫자로 답할 수 있었습니다.

하지만 보어의 모델도 완벽하진 않았습니다. 수소보다 복잡한 원자들은 제대로 설명하지 못했고, 왜 전자가 특정 궤도에만 허용되는지에 관해 깊은 이유를 제시하지 못했습니다. 하지만 그는 물리학이 나아갈 방향을 제시했습니다. 고전 물리학의 연속성을 포기하고, 양자화된 세계를 받아들이는 새로운 방향을요.

빛을 흡수한 순간의 기록

보어의 이론으로 드디어 프라운호퍼선의 진짜 정체가 드러났습니다. 태양 빛의 스펙트럼에 나타나는 가느다란 어두운 선

---

* 수소 원자에서 나오는 빛으로, 발견자의 이름을 따서 부릅니다.

들. 프라운호퍼가 기록한 그 수많은 검은 틈은 태양 표면에서 방출된 연속적인 빛이 태양 대기를 통과하는 과정에서 생긴 것이었습니다. 대기 속 원소들이 특정 파장의 빛을 흡수했기 때문이죠.

그 특정 파장이란 바로 원자의 전자들이 낮은 에너지 궤도에서 높은 에너지 궤도로 옮겨 갈 때 필요한 에너지였습니다. 즉, 프라운호퍼선은 태양 대기 속 전자가 빛을 흡수한 순간을 보여 주는 자연의 기록지였던 셈입니다.

보어의 이론은 프라운호퍼선과 각 원소의 고유 스펙트럼이 결국 원자 내부의 전자 에너지 준위 차이 때문에 생긴다는 사실을 처음으로 이론적으로 설명해 냈습니다. 이제 우리는 태양빛에 검은 선이 왜 있는지, 그 선이 무엇을 의미하는지 알게 되었죠.

그런 의미에서 보어의 모형은 혁명이었습니다. 그는 처음으로 연속의 세상에 불연속의 규칙을 도입했습니다. 전자들은 자유롭게 돌아다니는 게 아니라, 허용된 에너지의 '층^{level}' 위에만 존재할 수 있고, 층과 층 사이를 도약할 때만 빛을 흡수하거나 방출합니다. 이 개념은 이후 양자역학이 발전하면서 더 정교한 이론으로 대체되지만, 양자화된 에너지 상태라는 핵심 개념은 오늘날까지도 유효합니다.

그가 만들어 낸 이론적 구조 덕분에 과학자들은 프리즘 너

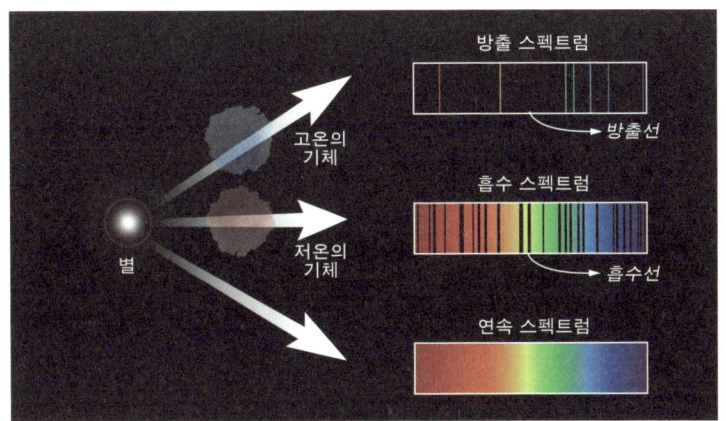

별에서 오는 빛의 흡수·방출 스펙트럼

머로 보이던 어둠의 실선들, 즉 프라운호퍼선이 단순한 현상이 아니라 우주가 정보를 숨겨 놓은 자리임을 이해하게 되었습니다. 그 검은 선 하나하나가 우주를 이루는 원소들의 지문이었던 것입니다.

21세기의 새로운 빛, 파란색 LED

1913년, 닐스 보어가 전자의 에너지 준위 이론을 내놓았을 때, 그는 아마 자신의 이론이 100년 후 우리 손안의 작은 화면을 밝히게 되리라고는 상상하지 못했을 겁니다. 보어의 아이디어는 인류가 빛을 만드는 방식 자체를 바꿔 놓았습니다. 불을 피우거나 필라멘트를 뜨겁게 달굴 필요가 없어진 거죠. 그냥 전자를 떨어뜨리면 됩니다.

더욱 놀라운 건 색깔을 조절할 수 있다는 점이었습니다. 에너지 차이를 조절하면 빛의 색이 바뀝니다. 이 기술은 빛으로 정보를 전달하는 매우 강력한 방법을 탄생시켰고, 오늘날 우리가 일상적으로 사용하는 LED 디스플레이의 핵심 원리가 되었습니다.

그런데 LED는 원자 하나의 궤도가 아니라 수많은 원자가 모인 고체, 즉 반도체에서 작동합니다. 그렇다면 고체 안에서는 도대체 무슨 일이 벌어지는 걸까요?

수많은 원자가 반복적으로 배열된 고체에서는 각 원자의 전자 궤도가 서로 영향을 주며 겹치고 확장합니다. 그 결과 전자는 더 이상 개별적인 에너지 준위에 머무르지 않고, 에너지 밴드band라는 넓은 구간 안에 존재하게 됩니다.

밴드에는 두 종류가 있습니다. 하나는 전자가 자유롭게 움직일 수 있는 높은 에너지 영역인 전도띠이고, 다른 하나는 전자들이 원자에 결합한 낮은 에너지 상태인 원자가띠입니다. 원자가띠에 있던 전자가 에너지를 받으면 전도띠로 올라가 자유롭게 움직일 수 있게 됩니다. 이때 필요한 에너지 차이가 바로 밴드갭band gap입니다.

반대로 전자가 전도띠에서 원자가띠로 떨어지면 밴드갭만큼의 에너지를 방출합니다. 이 방출 에너지가 바로 빛이 되는 겁니다.

LED는 특별한 구조의 pn 접합 반도체입니다. 한쪽은 전자가 많은 n형 반도체, 다른 쪽은 전자가 없는 자리인 정공[hole]이 많은 p형* 반도체로 구성됩니다. 전류가 흐르면 n형에서 공급된 전자와 p형의 정공이 pn 접합 영역에서 만나 결합합니다. 이때 전도띠의 전자가 원자가띠의 정공과 결합하면서 밴드갭 차이만큼 빛을 방출합니다.

방출되는 빛의 색은 밴드갭 크기에 따라 결정됩니다. 작은 밴드갭은 파장이 긴 빨간색이나 적외선을 내뿜고, 중간 정도 밴드갭에서는 녹색이나 노란색이 나옵니다. 큰 밴드갭은 짧은 파장인 파란색이나 자외선을 방출합니다. 따라서 밴드갭을 조절하면 원하는 색깔을 만들 수 있습니다.

문제는 해당 색깔의 밴드갭을 가진 반도체 재료를 찾는 일이었습니다. 간단한 물질로는 원하는 밴드갭을 맞출 수 없어서 여러 물질을 혼합해야 했죠. 갈륨비소[GaAs]는 적외선을, 인화갈륨[GaP]은 녹색이나 노란색을, 갈륨비소인[GaAsP]은 빨간색 빛을 내는 LED에 각각 사용됩니다.

사실 LED의 역사는 꽤 오래되었습니다. 원리가 규명된 건

---

* n형은 negative, p형은 positive의 약자입니다.

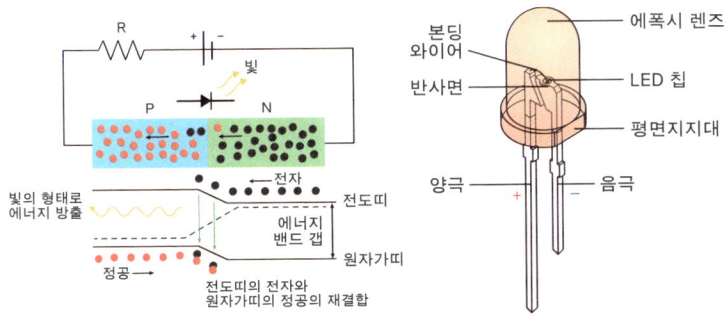

LED의 밴드갭과 구조

100년 전이고, 상용화된 건 1960년대입니다. 이때 처음으로 붉은색 LED가 나왔죠. 전자제품의 전원을 켜면 붉은색 빛이 들어오는 이유가 바로 이겁니다. 막 개발되던 시절에 붉은색 LED가 먼저 상용화되었거든요. 10여 년이 지난 1972년에는 녹색 LED가 개발되었습니다.

파란색 LED만 개발되면 빛의 3원색을 완성해서 백색 빛을 만들 수 있을 터였고, 이론적으로는 세 가지 색의 밝기를 조절해서 모든 색을 만들 수 있었습니다. 그런데 파란색 LED는 쉽게 나오지 않았습니다. 한동안 빨간색, 녹색, 그리고 두 색의 합성색인 노란색으로만 전광판을 만들어야 했죠.

파란색 LED를 만드는 일은 왜 그렇게 어려웠을까요? 밴드갭이 매우 컸기 때문입니다.

원하는 색깔의 빛을 내려면 정확한 밴드갭을 가진 물질을 찾아야 하고, 그 물질은 밴드갭을 안정적으로 오랫동안 유지해야 합니다. 고온이나 고전압에서도 에너지 차이를 유지해야 일정한 빛을 낼 수 있으니까요. 게다가 파란색 LED는 밴드갭이 커서 전자들을 원자가띠에서 전도띠로 올려 보낼 때 높은 에너지가 필요했습니다. 전자가 쉽게 이동하지 않았고, 효율성도 떨어졌죠.

파란색 LED를 만들 재료로 일찍이 질화갈륨^{GaN}이 주목받았습니다. 질화갈륨은 밴드갭이 높았거든요. 하지만 문제가 있었습니다. 결정 구조가 매우 불안정해서 상온에서 쉽게 결함이 발생했어요. 1980년대와 1990년대 초반, 많은 연구자가 이 문제와 씨름했습니다. 어떤 이들은 포기했지만, 몇몇은 끈질기게 매달렸습니다. 연구자들은 사파이어 기판을 활용해서 인듐갈륨나이트라이드^{InGaN} 결정을 성장시키는 방법을 시도했습니다. 사파이어가 인듐갈륨나이트라이드와 격자 구조가 비슷했기 때문입니다. 연구자들은 사파이어 기판을 늘리고 줄이고를 반복하며 고품질 결정을 만들고, 고온 가스로를 증착시키는 방법을

파란색 LED가 없던 시절 전광판(왼쪽)과
개발된 이후 전광판(오른쪽)

개발해 고온에서도 안정적인 구조를 만들었습니다. 이렇게 해서 고른 결정을 만들 수 있었죠.

1993년, 드디어 일본의 나카무라 슈지가 밝고 효율적인 파란색 LED를 만드는 데 성공했습니다. 그는 중소기업인 니치아 화학에서 거의 혼자 연구했습니다. 회사는 처음에 이 프로젝트에 회의적이었지만, 그는 포기하지 않았고 결국 세상을 바꿔 놓았죠.

파란색 LED 발견은 거액의 소송 이야기로도 유명합니다. 니치아 화학은 나카무라에게 단돈 20만 원만을 보너스로 지급하고 모든 특허를 회사가 소유했습니다. 이후 니치아 화학은 나카무라의 연구 덕에 중소기업에서 세계적인 LED 기업으로 성장했습니다.[*] 나카무라는 미국으로 자리를 옮겨 소송을 제

---

[*] 니치아 화학은 1996년 백색 LED를 개발하는 등 나카무라의 연구를 바탕으로 성장했습니다.

기했습니다. 도쿄지방법원은 나카무라에게 2000억 원을 지급하라고 판결했어요. 일본 역사상 최대 규모의 판결이었습니다. 이후 항소심에서 양측은 약 90억 원에 합의했습니다. 이후 과학자의 창의적 공헌에 따른 보상이 사회적 논쟁으로 번지기도 했습니다.

파란색 LED의 개발은 단순히 하나의 색을 추가한 정도가 아니었습니다. 빛의 3원색을 완성함으로써 디지털 조명 기술과 디스플레이 기술이 급속도로 발전할 수 있었어요. 백색 LED 조명이 가능해졌고, 풀컬러 디스플레이가 현실에 자리 잡았습니다. 우리가 지금 보고 있는 스마트폰 화면도, TV도, 모니터도 모두 파란색 LED 덕분입니다.

2014년, 아카사키 이사무, 아마노 히로시, 나카무라 슈지 세 사람은 파란색 LED를 개발한 공로로 노벨물리학상을 받았습니다.[*] 노벨위원회는 이렇게 말했죠.

"그들은 21세기를 위한 새로운 빛을 발명했다."

물리학의 눈으로 본다면 우리가 휴대폰 화면을 들여다보는 순간은 곧 양자역학의 세계를 마주하는 찰나입니다. 눈앞에서 펼쳐지는 수많은 빛의 점들은 전자가 에너지 준위를 불연속적으로 도약하며 만들어 낸 작은 기적입니다.

---

[*] 나카무라 슈지는 회사원 출신 노벨상 수상자라는 이력을 남겼습니다.

보어가 1913년 제안했던 양자 도약. 그 추상적 개념은 지금 우리 손안에서 매 순간 일어나고 있습니다. 우리는 매일 LED 로 양자역학의 숨결을 체험하는 것입니다.

빛의 군무, 레이져

LED가 전자의 자발적 도약으로 빛을 만든다면, 레이져^{LASER}는 전자들을 집단으로 통제해서 빛을 만듭니다. 마치 군인이 행진 하듯 완벽히 같은 박자와 같은 방향으로 빛을 만들어 냅니다. 레이저는 'Light Amplification by Stimulated Emission of Radiation'의 약자인데 우리말로 풀면 '복사의 유도 방출에 의 한 빛의 증폭'이라는 뜻입니다. 이름부터 뭔가 복잡해 보이지 만, 핵심은 간단합니다. 빛으로 빛을 만드는 것입니다.

레이저의 기본 원리는 생각보다 꽤 오래전에 발견되었습니 다. 당시 이곳저곳 다양한 분야에서 불철주야 물리학에 기여하 던 역사상 최고의 과학자 아인슈타인이 급기야 레이저의 개발에도 숟가락을 얹었습니다. 1917년 아인슈타인은 흥미로운 이론을 제시했습니다. 전자가 높은 에너지 상태에서 낮은 상태로 떨어질 때 빛을 낸다는 사실은 이미 알려져 있었죠. 그런데 아인슈타인은 이렇게 물었습니다.

"만약 높은 에너지 상태에 있는 전자에 특정 파장의 빛을 쏘면 어떻게 될까?"

쉽게 말하면, 에너지를 흡수해서 2층에서 3층으로 올라온 전자에 같은 에너지의 빛을 또 비춰 주면 어떻게 될까요?

답은 놀라웠습니다. 전자는 새로운 빛에 자극받아 다시 2층으로 떨어지면서 빛을 방출했습니다. 그 빛은 비춰 준 빛과 같은 파장, 같은 위상*, 같은 방향을 따랐습니다. 하나의 빛이 똑같은 두 개가 되는 거죠. 이것이 유도 방출stimulated emission입니다.

좀 더 자세하게 비유하자면 이렇습니다. 수영장의 다이빙대 위에 사람들이 줄지어 서 있다고 생각해 보세요. 그냥 두면 누군가 용기를 내서 뛰어내리겠지만 언제일지는 모릅니다. 이게 자발적 방출입니다. 그런데 한 명이 "오예!" 하고 신나게 뛰어내리면 어떻게 될까요? 옆 사람이 "나도!" 하며 똑같은 자세로 따라 뛰어내립니다. 이게 유도 방출입니다. 더 재밌는 점은 그 사람이 뛰어내리면서 옆 사람도 자극해서 연쇄적으로 '풍

---

* 파동의 위상이 같다는 말은 파동이 같은 타이밍에 오르고 내리며 움직인다는 뜻입니다.

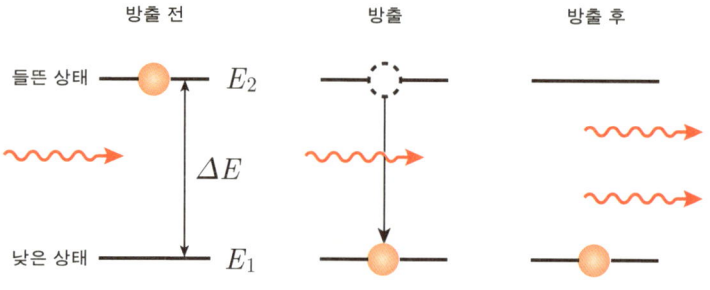

방출 전	방출	방출 후

들뜬 상태 ——— E_2

ΔE

낮은 상태 ——— E_1

아인슈타인의 유도 방출 원리

덩! 풍덩! 풍덩!' 하고 사람들이 뛰어내린다는 겁니다. 수영장이 순식간에 난장판이 되죠. 실제로는 거의 동시에 수많은 사람이 뛰어내리며 빛이 강해집니다. 이것이 레이저의 기본 원리입니다. 겉으로 보기에는 간단하지만 이 아이디어가 실제로 구현되기까지는 40년이 넘게 걸렸습니다.

보석으로 만든 최초의 레이저

1960년, 미국 휴즈 연구소의 시어도어 메이먼이 세계 최초로 작동하는 레이저를 만들었습니다. 그는 루비[ruby] 결정을 사용했습니다. 보석 루비 말입니다. 세계 최초의 레이저는 보석으로 만들어졌어요.

루비는 크롬 원자가 포함된 알루미늄 산화물인데, 바로 이 크롬 원자가 핵심 역할을 했죠. 메이먼은 루비 막대 양쪽 끝을 평평하게 깎아서 거울처럼 만들었습니다. 한쪽은 완전히 반사하는 거울로, 다른 한쪽은 일부만 투과하는 반투명 거울로요. 그리고 루비 막대 주위를 나선형 플래시 램프로 감쌌습니다.

　　작동 원리는 이렇습니다. 플래시 램프가 강한 빛을 내뿜으면 루비 속 크롬 원자의 전자들이 에너지를 흡수하면서 높은 에너지 상태로 올라갑니다. 이 상태를 '들뜬 상태'라고 부르는데, 말 그대로 전자들이 높은 층으로 올라가는 현상입니다.

　　보통 때 같으면 이 전자들은 제각각 떨어지며 빛을 낼 겁니다. 하지만 루비에는 특별한 성질이 있었습니다. 중간 단계의 에너지 층이 하나 더 있었죠. 전자들이 이 중간 에너지 준위에 잠깐 머물렀습니다. 이를 준안정 상태$^{metastable\ state}$라고 합니다. 다이빙대 아래 약간 낮은 층에 다이빙대가 하나 더 있고, 사람들이 본격적으로 뛰어내리기 전에 그곳에 모여 있는 셈입니다.

　　이 상황에서 플래시 램프가 계속 빛을 쏘면 점점 더 많은 전자가 빛을 흡수해 낮은 상태에서 들뜬 상태로 올라갔다가 다시 준안정 상태(중간 다이빙대)에 쌓입니다. 원래는 낮은 에너지 상태인 수영장에 사람이 많아야 하는데, 중간 다이빙대에 사람이 아슬아슬하게 넘쳐나 버리는 것이죠. 위태위태한 불안정 상태입니다.

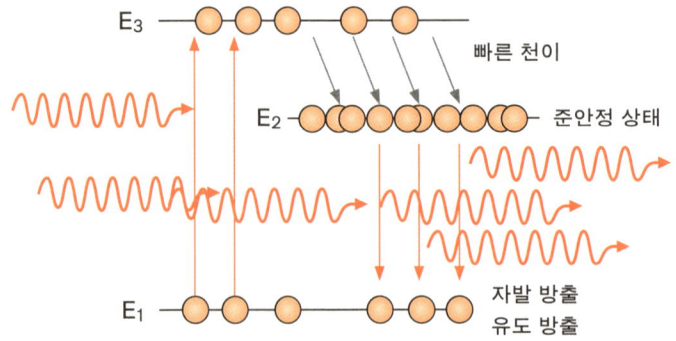

준안정 상태에서 빛이 유도 방출되는 과정

그러다 한 전자가 자발적으로 떨어지며 빛을 냅니다. "오예!" 이 빛이 옆에 있던 다른 들뜬 전자를 자극합니다. "나도!" 그 전자도 똑같은 파장, 똑같은 방향의 빛을 내며 떨어집니다. 빛이 두 개가 되었죠. 이 두 빛이 또 다른 전자들을 자극하고, 연쇄 반응이 일어납니다. 눈사태처럼요.

루비 막대 양쪽 끝의 거울은 이 빛들을 앞뒤로 튕겨 냅니다. 빛이 왔다 갔다 하면서 계속 다른 전자들을 자극하게 되고, 빛이 강해지는 증폭이 일어납니다. 그러다 빛의 세기가 충분히 강해지면, 한쪽 반투명 거울을 뚫고 나옵니다. 이게 바로 레이저 빛입니다.

메이먼이 처음 레이저를 작동했을 때, 붉은색 광선이 쏟아져 나왔습니다. 그 빛은 평범한 빛과 달랐습니다. 모든 빛이 같은 파장이었고, 같은 방향으로 나아갔으며, 같은 위상으로 진동했습니다. 빛은 퍼지지 않고 꽤 먼 곳까지 빛의 세기를 잃지 않고 직진하는 성질을 보여 주었습니다.

레이저에서 나온 선명한 빨간색 광선과 강렬한 광점을 직접 본 기자들은 레이저 포인터를 보고 달려드는 고양이처럼 흥분했습니다. 미국의 유력 통신사 AP는 "죽음의 광선총이 탄생했다!"라며 선정적인 헤드라인을 뽑아냈고, 일부 언론은 한술 더 떠서 "레이저 위성이 지구를 지배할 날이 올 것"이라며 SF 영화 같은 상상력을 펼쳤습니다.

아이러니하게도 정작 메이먼의 회사 경영진은 별로 감흥이 없었습니다.

"그래서 이게 돈이 돼?"

메이먼은 훗날 쓴웃음을 지으며 이렇게 회상했습니다.

그로부터 60년이 지난 지금, 그 말은 역사상 가장 잘못된 '망언' 중 하나가 되었습니다.

‖ '결맞은 빛'의 힘! ‖

레이저가 뭐가 그렇게 특별한 걸까요? LED도 전자가 떨어지며 빛을 내는데 말이죠.

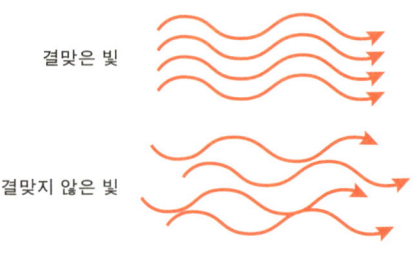

결맞은 빛

결맞지 않은 빛

결맞은 빛과 결맞지 않은 빛

레이저와 LED 모두 전자의 양자 도약으로 빛을 만듭니다. 하지만 결정적인 차이가 있습니다. LED는 전자들이 제각각 떨어집니다. 수영장에 사람들이 아무 때나 '풍덩! 풍덩!' 뛰어드는 것처럼요. 그래서 빛이 여러 방향으로 퍼지고, 파장도 조금씩 다릅니다.

반면 레이저는 전자들을 한꺼번에, 같은 타이밍에, 같은 자세로 떨어뜨립니다. 싱크로나이즈드 다이빙이죠. 모든 빛이 같은 파장, 같은 방향, 같은 위상을 갖는 이유입니다. 이런 성질을 결맞음coherence*이라고 해요.

결맞음이 얼마나 대단한지 예를 들어 볼까요?

달까지 레이저를 쏘면 달 표면에 지름이 겨우 몇 킬로미터인 점으로 맺힙니다. 달까지 거리는 약 38만 킬로미터로 지구

---

* 여러 파동의 위상과 진동수가 일정하게 맞아서 퍼지지 않고 곧게 나아가는 성질을 말합니다.

30개를 줄줄이 늘어놓을 수 있는 매우 먼 거리입니다. 일반 손전등이라면 넓게 퍼져서 달 전체를 뒤덮고도 남았을 겁니다. 실제로 지구의 과학자들은 아폴로 우주비행사들이 달에 설치한 반사경에 레이저를 쏴서 지구와 달 사이 거리를 센티미터 단위로 측정합니다.

결맞음 덕분에 레이저는 집중된 에너지를 전달할 수 있습니다. 같은 세기라도 넓게 퍼진 빛보다 한 점에 모인 빛이 훨씬 강력합니다. 돋보기로 햇빛을 모아 종이를 태울 수 있는 것과 비슷한 원리죠. 그래서 레이저로 금속을 자를 수 있는 겁니다. 수천 도의 온도를 한 점에 집중시키니까요.

‖ 레이저가 바꾼 세상 ‖

메이먼의 루비 레이저 이후, 과학자들은 레이저 만들기에 열을 올렸습니다. 헬륨-네온 레이저, 반도체 레이저, 이산화탄소 레이저 등 다양한 레이저가 등장했습니다. 레이저는 이제 우리 일상뿐만 아니라 산업 현장에서도 필수가 되었습니다.

의료 분야에서 레이저는 마법 같습니다. 눈의 각막*을 깎아

---

* 눈의 가장 바깥쪽을 덮고 있는 투명한 막입니다.

서 시력을 교정하는데, 레이저는 칼보다 정밀해서 각막 표면을 1,000분의 1밀리미터 단위로 조절할 수 있습니다. 또 레이저는 종양을 태우고, 충치를 제거하고, 문신을 지우고, 주름을 펴 줍니다. 출혈도 적고 회복도 빠르죠. 외과의사들이 메스보다 레이저를 외치는 이유입니다.

통신 분야는 레이저 없이 상상할 수 없습니다. 광섬유*에 레이저로 정보를 전송하는데, 한 가닥의 광섬유로 초당 수백만 명이 동시에 전화 통화를 할 수 있습니다. 여러분이 지금 보는 이 글도 어디선가 레이저 신호로 전달한 것입니다. 빛의 속도로 데이터가 날아다니는 거죠. 유튜브 영상이 버퍼링 없이 재생되는 것도, 화상회의가 가능한 것도 다 레이저 덕분입니다.

제조 분야에서 레이저는 만능 칼입니다. 금속을 자르고, 플라스틱을 용접하고, 반도체 칩에 미세한 회로를 새깁니다. 일부 고성능 3D 프린터도 레이저로 재료를 녹여 가며 물건을 만들죠. 자동차 공장에서는 로봇 팔이 레이저를 휘두르며 차체를 용접합니다. 정밀하고, 빠르고, 깨끗합니다.

물리학의 눈으로 보면, 레이저는 양자역학의 가장 아름다운 응용입니다. 보어가 발견한 양자 도약과 아인슈타인이 예측한 유도 방출, 이 두 개념이 만나 만들어 낸 기술입니다.

---

* 유리나 플라스틱으로 투명하게 만든 가느다란 섬유로, 레이저가 통과하면서 빛을 전달합니다.

바코드를 스캔할 때, CD를 재생할 때, 레이저 프린터로 문서를 출력할 때, 우리는 수십억 개의 전자들이 완벽하게 조율된 양자 도약을 하는 현장을 목격하는 셈입니다. 그리고 그 작은 기적들이 모여 우리 일상을 만들어 냅니다.

1917년 아인슈타인이 유도 방출을 예측했을 때, 그는 아마 이 이론이 칼이 되고, 프린터가 되고, 음악을 재생하는 도구가 되리라고는 예상하지 못했을 겁니다. 심지어 고양이 장난감이 되리라고 상상이나 했을까요?

2.
고리 속에 갇힌
진실은?

분자를 읽는
양자역학

"전자는 어느 창으로 통과했는가?"

재판정은 숨을 죽인 채, 피고석의 '전자'를 지켜보고 있었습니다.

검사석에 앉은 아인슈타인이 자리에서 일어나 날카로운 목소리로 물었습니다.

아인슈타인 "피고, 사건 당시 건물 앞뜰에 나란히 있는 두 개의 창 A와 B 가운데 어느 쪽으로 침입했습니까?"

전자 "저는 두 창을 동시에 통과했습니다."

방청석이 술렁였습니다. 판사도 놀란 듯 눈썹을 치켜올렸습니다. 아인슈타인은 바로 날카롭게 몰아붙였습니다.

아인슈타인 "말도 안 되는 주장입니다. 피고가 A에 있으면 B에 없고, B에 있으면 A에 없다는 건 자명합니다. 목격자가 있었다면 금방 확인됐을 일입니다."

전자 "하지만 사건 당시, 저를 본 사람은 아무도 없었습니다."

그때 변호인석에서 보어가 조용히 일어나 손을 들었습니다.

보어 "재판장님, 아인슈타인 검사는 '목격자가 있었다면'이라는 조건을 너무 쉽게 일반화하고 있습니다. 목격되지 않은 상황에서는 두 곳을 동시에 지났을 가능성도 배제할 수 없습니다."

아인슈타인은 황당하다는 표정을 지었습니다.

아인슈타인 "두 곳을 동시에 지났다는 말은 제3의 가능성을 주장하는 것입니다. 하지만 그런 경우는 경험적으로 한 번도 없었습니다."

보어 "없었던 건 '본 적이 없어서'입니다. 목격하지 않는 순간, 당신의 상식이 통하지 않을 수도 있습니다."

판사가 고개를 들고 물었습니다.

판사 "변호인, 상식적으로 피고처럼 나뉘지 않는 하나의 개체(입자)가 동시에 두 장소에 있을 수는 없습니다. 당신 주장대로라면, 목격자가 없을 때 그 상식이 무너질 수도 있다는 말인가요?"

보어 "그렇습니다. 문제는 '관측'이라는 행위가 피고의 행동 자체를 바꿀 수 있다는 점입니다."

보어는 차분히 말을 이었습니다.

보어 "A에 있었다면 B에 없고, B에 있었다면 A에 없다는 원칙은 '누군가가 A나 B에서 목격했을 때'만 성립합니다. 목격자가 없다면, 그 원칙을 적용할 근거가 없습니다. 아인슈타인 검사는 이 조건을 빼 버리고 일반화하고 있습니다. 그게 오류입니다."

피고 전자, 검사 아인슈타인, 변호사 보어

아인슈타인은 곧바로 반격했습니다.

아인슈타인 "그렇다면 목격자가 없을 때 전자가 동시에 두 곳에 있었다고 어떻게 증명합니까?"

보어 "직접적인 목격은 불가능합니다. 목격 자체가 피고의 행동에 영향을 주기 때문이죠. 그러나 행동의 결과를 보고 간접적으로 확인할 수 있습니다."

보어는 준비해 온 실험 결과를 꺼내 들었습니다. 두 장의 사진이었습니다.

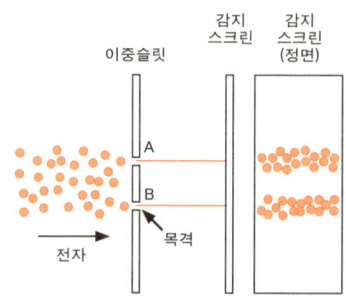

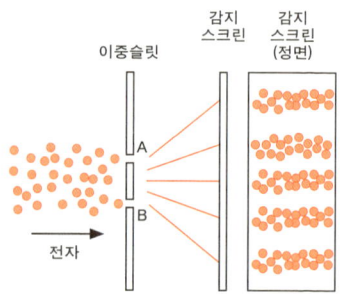

목격자가 있을 때 무늬
창 A 또는 B로 통과하는 피고를 관찰하고 최종 위치를 기록한 결과 : 점이 두 슬릿을 통과해 스크린 두 곳에만 분포.

목격자가 없을 때 무늬
창에서 관찰하지 않고 벽에서만 기록한 결과 : 점들이 규칙적인 간섭무늬를 형성하며, 어떤 지점에는 전혀 도달하지 않음.

A, B 창으로 통과하는 전자

보어 "만약 목격자가 없어도 전자가 한쪽만 지난다면, 두 경우 결과는 같아야 합니다. 하지만 보십시오. 두 번째 경우에만 특유의 무늬가 나타났습니다. 이것이 두 경로를 동시에 지난 증거입니다."

아인슈타인은 여전히 고개를 저었습니다.

아인슈타인 "두 경로를 동시에 지난다는 말은, A도 아니고 B도 아닌 새로운 장소가 있다는 얘기입니까?"

보어 "아닙니다. 제3의 상태란 새로운 장소가 아니라 두 경로가 동시에 성립하는 새로운 상태를 의미합니다."

보어는 법정 칠판 앞으로 걸어가서 분필을 들었습니다.

보어 "여러분, 수학에서 X 방향의 화살표와 Y 방향의 화살표를 더하면, 그 합은 X도 Y도 아닌 대각선 방향이 됩니다. 하지만 그렇다고 해서 '대각선이 X, Y와 전혀 무관하다'고는 하지 않습니다. 오히려 대각선은 X와 Y가 모두 영향을 준 결과입니다."

그는 칠판 위에 A, B 화살표를 그리며 설명을 이어 갔습니다.*

보어 "이 화살표는 공간상의 방향을 나타내는 것이 아니라 전자의 상태를 나타내는 양자 상태 벡터입니다. 전자가 'A 상태'라면 창 A 쪽에서 목격된 경우를, 'B 상태'라면 창 B 쪽에서 목격된 경우를 말합니다. 그런데 목격되지 않으면, 전자는 'A+B 상태'로 A, B가 중첩된 상태가 됩니다. 이것은 A와 B를 동시에 반영하는, 두 경로의 정보가 동시에 들어 있는 하나의

---

* 여기서 벡터는 변위나 힘 같은 공간 벡터가 아니라 양자적인 상태 벡터를 나타냅니다. 즉 공간에서 대각선 방향으로 간다는 뜻이 아니라, 두 경로의 양자 상태가 중첩되었다는 뜻입니다.

상태입니다.”

방청석은 양자 상태 벡터를 이해하지 못했는지 숨을 죽였습니다. 보어는 덧붙였습니다.

보어 “중요한 건, 이 상태에서는 경로라는 개념이 무너진다는 점입니다. 자동차나 사람이 이동할 때는 ‘어느 길로 갔다’고 말할 수 있지만, 전자는 측정하지 않는 동안 특정한 경로에 있지 않습니다. 대신 두 경로를 동시에 지난 것처럼 행동합니다. 그래서 간섭무늬가 생기는 것이죠.”

판사는 천천히 고개를 끄덕였습니다.

판사 “즉, 관측하면 한 경로만 택하지만, 관측하지 않으면 두 경로를 동시에 지나간다는 말이군요. 입자라는 성질과 두 경로를 동시에 통과한다는 성질이 모순이 아닐 수도 있겠네요.”

보어 “그렇습니다. 전자는 ‘입자’이면서도 ‘파동^{wave}’입니다. 관측하느냐, 하지 않느냐에 따라 전혀 다른 행동을 보입니다.”

판사는 조용히 법정을 둘러보았습니다.

방청석은 여전히 숨죽인 채, 방금 들은 이야기를 곱씹고 있었습니다. 전자는 묵묵히 피고석에 앉아 있었고, 보어는 서류를 정리하며 자리에 앉았습니다. 아인슈타인은 팔짱을 낀 채 고개를 숙였지만, 눈빛 속에는 아직 포기하지 않은 기세가 엿보였습니다.

판사 "오늘의 심리는 여기까지 하겠습니다. 피고 전자의 진술과 변호인 보어의 논거, 그리고 검사 아인슈타인의 주장 모두 쉽게 결론을 내릴 수 없는 사안입니다. 다음 기일에 남은 검증을 이어 가겠습니다."

방청인들은 서로 눈을 마주치며 속삭였습니다.
"정말 전자가 두 개의 창을 동시에 지났을까?"
그 의문은 모두에게 여전히 받아들여지기 힘들었습니다. 그러나 한 가지는 분명했습니다.
이 재판이 던진 질문은 단순히 한 피고의 유무죄를 넘어서, 우리가 현실을 어떻게 이해해 왔는지, 그리고 그 믿음이 얼마나 흔들릴 수 있는지를 보여 주었습니다.

이중 결합인가?
단일 결합인가?

1.

1825년 어느 날, 런던의 밤은 희미한 노란빛으로 깜빡이고 있었습니다. 전기는 아직 꿈 같은 이야기였고, 거리를 밝히는 주인공은 석탄 가스를 태운 가스등이었죠. 그런데 이 노란빛 뒤에는 덜 알려진 부작용이 있었습니다. 석탄 가스를 태우면 검고 끈적끈적한 찌꺼기*가 여기저기 남았어요. 무엇보다 이 찌꺼기는 냄새가 몹시 지독했고, 손에 묻으면 아무리 비누로 씻어도 잘 지워지지 않았습니다.

---

* 석탄 타르$^{coal\ tar}$. 의약품과 건축 자재로 사용됩니다.

당연하게도 대부분의 사람이 이 더러운 찌꺼기를 만지길 꺼려했습니다. 하지만 이 사람은 달랐습니다. 마이클 패러데이, 훗날 전기와 자기를 통합시키는 위대한 과학자입니다. 그는 냄새 따위에 굴하지 않는 남들과 다른 호기심이 있었습니다. 그는 원래 인쇄소 견습생이었는데, 과학책을 제본하다가 독학으로 과학을 깨우쳐 버렸습니다. 밤새워 공부해도 매번 아쉬운 성적표를 받는 우리와는 매우 다르죠. 그는 이후 유명한 화학자 험프리 데이비스*의 눈에 띄어 운 좋게 영국 왕립연구소의 실험실 조수가 되었고, 그곳에서 세상을 바꿔 놓을 여러 발견을 했습니다. 1831년 전자기 유도 법칙을 만들어 오늘날 물리 시험을 몹시 헷갈리게 만든 장본인이기도 합니다. 그는 1825년부터 매년 런던 왕립연구소에서 청소년과 일반 대중을 대상으로 크리스마스 과학 강연을 열기도 하였습니다. 이 강연은 왕립연구소의 전통이 되어 최근까지도 이어지고 있습니다.

패러데이는 정규 학교 교육을 받지 못했지만, 호기심과 손재주는 누구보다 뛰어났습니다. 어느 날 석탄 가스를 연구하던 그는 가스가 타면서 생기는 검은 찌꺼기에 시선을 빼앗겼습니다. 그는 이 석탄 가스 부산물을 깨끗한 용기에 넣고, 다양한 용매로 섞고, 증류 장치에 올렸습니다. 증류란 간단히 말해 액체

---

* 알칼리 금속을 발견하고 전구를 처음 발명한 사람으로 유명합니다.

마이클 패러데이의 크리스마스 과학 강연

를 끓여서 생긴 증기를 식혀서 모으는 과정입니다. 집에서 국을 끓일 때 물이 증발해서 냄비 뚜껑에 맺히는 것과 비슷하죠. 패러데이는 검은색 찌꺼기를 온도를 조금씩 올려 끓이면서, 찌꺼기에서 나오는 여러 액체를 분리하였습니다. 그중 하나는 유난히 맑고 투명했습니다. 그 액체는 달콤하면서도 매캐한 특유의 묘한 냄새가 났습니다.

패러데이는 이 액체의 매력에 끌렸습니다. 당시에는 분자 구조를 볼 수 있는 장비가 없었기 때문에, 주로 연소 실험을 했습니다. 즉, 물질을 태울 때 얼마나 많은 이산화탄소^{CO_2}와 물^{H_2O}이 나오는지 측정해, 이산화탄소량으로 탄소^{C}의 질량을, 물의 양으로 수소^{H}의 질량을 알아냈죠. 그는 계산을 마치고 노트에 조심스럽게 식을 적었습니다. 탄소와 수소의 비가 1:1이었습니다. 그 순간 패러데이는 뭔가 이상하다는 느낌을 받았습니다. 보통의 가연성 가스와는 전혀 다른 비율이었거든요. 그는 실험 결과를 정리해서 C_6H_6라는 분자식을 제안했습니다.

오늘날 우리는 이 물질을 벤젠^{benzene}이라고 부릅니다.

2.

벤젠은 현대 사회에서 플라스틱, 섬유, 세제, 의약품, 염료, 합성 고무 등 수많은 산업 제품의 출발점이 되는 매우 중요한 원료입니다. 벤젠의 구조를 밝히는 일은 벤젠의 반응성·안정성을 예측하고, 이를 바탕으로 더 안전하고 효율적인 화학 산업 공정을 설계하는 데 필수적인 매우 중요한 연구였죠.

패러데이가 벤젠을 발견한 이후, 이 물질의 특이한 성질은 많은 화학자의 호기심을 자극했습니다. 화학식이 C_6H_6라면 탄소 여섯 개와 수소 여섯 개라는 간단한 조성인데, 뭔가 이상했습니다. 보통 이중 결합이 많으면 반응성이 커야 하는데, 벤젠은 생각보다 훨씬 안정했거든요. 게다가 첨가 반응 대신 치환 반응이 잘 일어나는 등 기존 화학 이론으로는 도저히 설명이 안 됐습니다.

화학자들은 머리를 싸매고 고민했습니다. 직선형 사슬 구조, 가지형 구조 등 상상할 수 있는 여러 구조를 제안했지만 실험 결과와 맞지 않았습니다. 직선 구조라면 벤젠이 훨씬 쉽게 반응해야 하는데, 실제 벤젠은 그렇지 않았어요. 벤젠의 분자 모형은 학계의 고민거리였습니다.

1865년, 한 과학자의 유명한 꿈이 이 고민을 해결해 줍니다. 독일의 화학자 아우구스투스 케쿨레는 하루 종일 연구실에서 이 문제를 고민하다가, 저녁에 난롯가 앞에 앉아서 깜빡 졸았습니다. 그때 이상한 꿈을 꾸었죠. 꿈속에서 긴 사슬 모양의 탄소 원자들이 눈앞에서 춤추듯 움직이다가 갑자기 뱀이 되어 꿈틀거렸습니다. 그러더니 뱀이 자기 꼬리를 꽉 물어 원형 고리를 만드는 게 아니겠어요? 순간 케쿨레는 깜짝 놀라 번쩍 눈을 떴습니다.

"탄소 사슬이 서로 연결되어 고리를 이루면, C_6H_6 구조를 만들 수 있어!"

이 꿈에서 착안해 그는 벤젠이 여섯 개의 탄소 원자가 고리 형태로 연결되어 있는 구조라고 제안했습니다. 탄소 여섯 개가 정육각형 모양으로 연결되고, 탄소와 탄소 사이 결합은 단일 결합과 이중 결합이 번갈아 나타나며, 각 탄소에 수소 원자가 하나씩 붙어 있다고 말이죠.

이 구조는 완벽해 보였습니다. 분자식을 만족하고, 결합 규칙을 지키면서, 대칭적인 모양으로 벤젠의 안정성을 설명했거

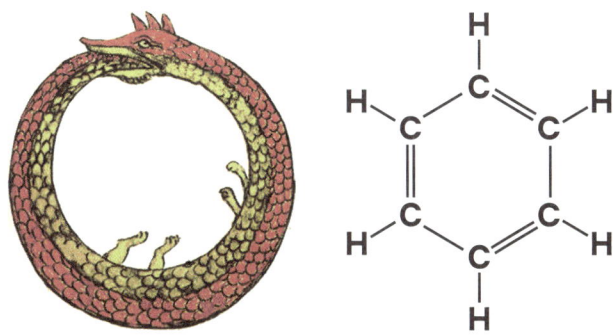

꼬리를 무는 뱀 우로보로스에서 영감을 얻은 벤젠의 고리 구조

든요. 게다가 꿈이라는 서사는 MSG처럼 기막힌 이야깃거리로 포장하기도 좋았어요. 이 이야기는 과학사에서 가장 낭만적인 발견 가운데 하나로 꼽힙니다.*

하지만 이 획기적인 아이디어가 모든 궁금증을 해결해 주지는 않았습니다. 문제가 하나 남아 있었어요. 이중 결합과 단일 결합은 결합 길이가 서로 다릅니다. 이중 결합이 더 강하게 잡아당기므로 단일 결합보다 결합 길이가 짧아야 하죠. 그런데 실제로 측정해 보니 벤젠의 모든 C-C 결합의 길이가 똑같았습니다.

케쿨레는 당황하지 않았습니다. 그는 새로운 가설을 제시했어요. 벤젠이 두 가지 결합 형태 사이를 아주 빠르게 오가며

---

* 케쿨레는 실제로 꿈 이야기를 학회에서 발표하며 드라마틱한 발견 과정을 이야기하기를 즐겼다고 합니다.

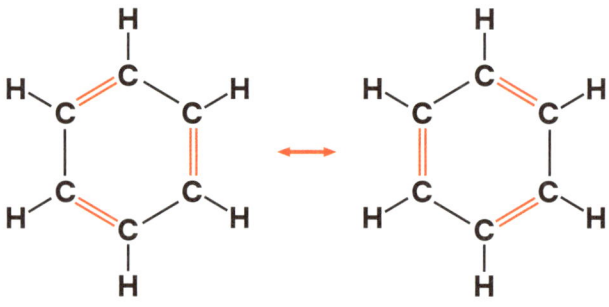

단일 결합과 이중 결합이 진동하는 케쿨레의 진동 모형

진동한다고요. 결합 상태가 너무 빨리 바뀌어서 마치 잔상 효과처럼 결합 길이가 두 값의 평균값으로 같아 보인다는 해석이었습니다.

케쿨레의 가설은 매우 설득력 있어 보였습니다. 한동안 학계에서 의심 없이 받아들여졌죠. 하지만 진실은 훨씬 더 기묘했습니다.

3.

케쿨레의 발견은 벤젠의 여러 성질을 잘 설명했지만, 측정 기술이 발전하면서 한계가 드러났습니다. 당시에는 시료에 X선을 쏘아 산란되는 무늬를 분석하는 방식으로 결합 길이를 측정했습니다. 순수한 벤젠은 결정 상태를 만들기가 까다로워서, 벤젠과 결합한 다른 물질에서 데이터를 얻어 계산했죠. 이 방식의 정밀도는 ±0.01옹스트롬^{Å*} 수준으로, 원자 크기를 잴 수 있을 만큼 정확했습니다.

그 결과, 벤젠의 C-C 결합 길이는 항상 1.39옹스트롬으로 측정되었습니다. 이 값은 단일 결합(1.54옹스트롬)과 이중 결합(1.34옹스트롬)의 중간값에 해당했죠. 케쿨레의 진동 모형대로라면 결합이 번갈아 바뀌므로 결합 길이도 순간마다 달라져야 했습니다. 그런데 여러 번 반복해서 측정해도 값은 변하지 않았습니다. 게다가 결합이 바뀐다면 전자 분포가 순간적으로 비대칭이 되어야 하는데, 실제 벤젠의 전자 분포는 완벽하게 대칭이었어요. 즉, 결합이 번갈아 진동한다는 물리적 증거를 찾을 수 없었습니다. 이로써 케쿨레의 진동 모형만으로는 벤젠의 특별한 안정성을 설명하기 어렵다는 사실이 드러났습니다.

탄소 원자는 주변 원자와 네 개의 공유 결합을 합니다. 벤젠의 경우, 각 탄소 원자는 이웃한 탄소와 하나씩 결합해 두 개, 수소와 하나를 결합해 세 개의 공유 결합을 만들고, 남은 하나가 케쿨레의 생각처럼 번갈아 단일 결합과 이중 결합을 형성한다고 여겨졌습니다. 그런데 측정 결과는, 이 남은 결합에서 마치 전자가 반으로 나뉘어 양쪽에 동시에 존재하는 것처럼 행동해야만 설명이 가능했습니다. 전자가 반으로 나뉜다? 고전 물

---

* $1\text{Å} = 10^{-10}\text{m}$

리학으로는 말도 안 되는 소리였죠.

1899년, 독일의 유기화학자 요하네스 틸레는 궁여지책으로 새로운 개념을 제안했습니다. 벤젠의 C–C 결합이 단일 결합과 이중 결합 사이를 오가는 것이 아니라, 그 중간 정도의 성질을 지닌 새로운 '부분 결합'이라고 가정한 거죠. 그는 이를 결합차수 1.5라고 부르고, 불완전한 동그라미 구조 모델을 제안했습니다.

이 모델은 벤젠의 일부 반응성을 설명했지만, 완전한 대안이 되기에는 여러모로 궁색했습니다. 결합차수 1.5라는 개념은 측정값을 설명하는 임시방편일 뿐, 왜 그런지를 알려 주는 근본적인 답은 아니었거든요.

결국 화학자들은 결합차수 1.5라는 임시방편에 안주하기보다, 전자가 결합을 형성하는 방식에 완전히 새로운 시각이 필요하다는 데 뜻을 모았습니다. 전자가 동시에 두 곳에 존재하는 이상한 현상, 결합이 정수가 아닌 1.5라는 값을 갖는다는 기묘함. 이 모든 것은 고전 화학의 틀로는 설명할 수 없었습니다.

마침내 화학자들은 고전 화학의 틀을 넘어 양자역학의 언어를 받아들일 수밖에 없다는 결론에 도달했습니다. 벤젠의 비밀은 양자 세계의 문을 열어야만 풀 수 있던 겁니다.

전자의 두 얼굴, 입자와 파동

벤젠의 구조 문제는 19세기 후반부터 20세기 초까지 화학자들의 숙제였습니다. 케쿨레의 고리 구조와 '진동 모형'은 한동안 널리 받아들여졌지만, 정밀한 측정 결과 앞에서 한계가 드러났습니다. 결합 길이는 항상 일정했고, 전자 분포는 완전한 대칭이었습니다. 그렇다면 벤젠의 모든 결합 길이가 같은 이유는 무엇일까요? 전자가 정말 쪼개졌던 것일까요? 결정적인 해답은 20세기 들어 양자역학이 화학에 도입되면서 차츰 드러나기 시작했습니다.

　1920~1930년대는 원자 속 전자의 성질을 설명하는 양자역학이 빠르게 발전하던 시기였습니다. 전자는 단순히 작은 구슬

같은 입자가 아니라 입자이면서 동시에 파동이라는 사실이 밝혀졌죠. 더불어 이 파동의 상태는 파동함수라는 수학식으로 표현할 수 있다는 사실도 알려졌습니다.

이 개념은 분자 구조를 이해하는 데 큰 변화를 가져왔습니다. 고전 화학에서는 결합이 원자와 원자를 고정된 막대처럼 연결하는 것이라고 생각했습니다. 하지만 양자역학에서는 결합을 만드는 전자들이 한자리에만 고정되어 있지 않고, 여러 위치에 확률적으로 퍼져 있다고 설명했죠.

이 시기에 미국의 젊은 화학자 라이너스 폴링이 등장합니다. 그는 양자역학을 화학 결합에 적용해서 수많은 난제를 해결한 유명한 인물입니다. 그 공로로 1954년 노벨화학상을 받기도 했습니다.[*]

폴링의 아이디어는 혁신적이었습니다. 양자역학에 따르면 전자는 축구공처럼 한자리에 부피를 차지하며 있는 것이 아니라, 파동처럼 퍼질 수 있습니다. 그래서 폴링은 단일 결합 구조와 이중 결합 구조 사이를 왔다 갔다 하는 것이 아니라, 두 구조가 동시에 섞여서 아예 새로운 하나의 상태를 만든다고 생각했습니다. 무슨 말인지 이해가 안 되죠? 양자역학을 공부하다 보면 이렇게 머릿속으로 시각화되지 않는 경우가 많습니다. 이럴

---

[*] 폴링은 DNA 이중나선 구조를 밝히는 연구를 하기도 했습니다. 이중나선 구조 결합에도 양자역학이 숨어 있습니다.

때는 비유로 설명하면 조금 더 이해하기 쉽습니다.

케쿨레의 모형은 사람이 의자 두 개를 빠르게 오가며 앉는 상황과 같습니다. 의자는 전자가 있어야 하는 위치이고, 사람은 전자라고 볼 수 있습니다. 두 의자 사이를 너무 빠르게 오가기 때문에 멀리서는 사람이 양쪽에 동시에 앉아 있는 것처럼 보이지만, 어쨌든 어느 짧은 한순간에는 한쪽 의자에만 앉아 있겠죠.

이에 반해 폴링의 모형은 사람이 아예 의자 두 개에 누워서 양쪽을 동시에 차지하는 모습과 같습니다. 어느 한 자리에 앉지 않고 항상 두 자리를 동시에 쓰는 셈이죠. 이는 한 자리에 '앉아 있는 상태'가 아닌, 아예 새로운 '누워 있는 상태'입니다. 폴링에 따르면 전자는 이처럼 특정 결합에 묶이지 않고 고리 전체에 골고루 퍼져 있습니다. 마치 여섯 개의 탄소가 만드는 고리 위에 전자구름이 도넛처럼 둥글게 떠 있는 것처럼요.

폴링은 전자들이 특정 결합에 국한하지 않고 분자 전체에 걸쳐 분포한다는 개념을 '공명^{resonance}'이라고 불렀습니다. 공명이란 단어를 선택한 이유도 재미있습니다. 마치 음악에서 여러 음이 어우러져 하나의 화음을 만들듯, 여러 구조가 어우러져 하나의 분자 상태를 만든다는 의미를 담았거든요.

그 결과 모든 C-C 결합은 같은 힘을 받아 같은 결합 길이와 안정성을 유지합니다. 전자들이 고리 전체에 퍼져 있으니 에너지가 낮고, 그래서 벤젠은 예상보다 훨씬 안정합니다.

케쿨레의 꿈에서 시작된 벤젠의 구조 문제는 결국 양자역학이라는 새로운 언어의 존재로 어렴풋하게 이해되기 시작했습니다. 뱀이 꼬리를 물어 만든 고리는 벤젠의 고리 모양을 밝히는 데 핵심 아이디어를 제공했고, 그 고리 안에서 전자들이 어떻게 움직이는지는 양자역학이 힌트를 준 셈이죠.

관점의 전환, 변화의 시작

라이너스 폴링이 주장한 벤젠의 결합 구조를 이해하려면 양자역학 초기 과학자들이 물질을 어떻게 인식했는지를 먼저 짚고 넘어가야 합니다. 한때 과학자들은 전자를 매우 작은 공이라고 생각했습니다. 딱딱해서 더 이상 쪼개지지 않는 고정된 알갱이라는 이미지를 갖고 있었죠. 그러나 20세기 초, 전자를 입자로 보는 이런 생각은 산산조각 났습니다. 전자가 파동처럼 행동한다는 사실이 밝혀졌기 때문입니다.

일찍이 빛이 파동인지 입자인지에 관한 논쟁은 오랫동안 이어졌습니다. 뉴턴은 빛이 작은 입자라고 주장했고, 토마스 영과 같은 사람은 빛이 파동이어야 한다고 결론을 내렸죠. 그런데 놀랍게도 빛은 상황에 따라 입자처럼도, 파동처럼도 행동했습니다. 이것을 빛의 이중성이라고 부릅니다.

그런데 1924년 프랑스 물리학자 루이 드 브로이가 놀라운 제안을 합니다. 빛뿐만 아니라 전자도 파동처럼 행동할 수 있다는 주장이었죠.* 드 브로이의 가설은 당시에는 엉뚱해 보였습니다. 물질인 전자가 파동이라니요.

"전자 같은 입자가 어떻게 물결을 치나? 수영이라도 하나?"

사람들은 드 브로이의 가설을 비웃었습니다. 하지만 이 아이디어는 곧 실험으로 확인됩니다. 1927년 미국 벨 연구소의 데이비슨과 거머는 전자 빔을 결정에 쏘는 실험을 했습니다. 그런데, 전자가 파동처럼 회절** 무늬를 만드는 게 아니겠어요? 마치 바닷물이 방파제 틈을 지나면서 만드는 물결 무늬와 비슷했습니다. 전자가 파동의 성질을 가졌다는 확실한 증거였죠. 물리학자들은 이른바 '멘붕'에 빠졌습니다. 전자 같은 물질이 파동의 성질을 갖는다는 논리를 쉽게 받아들이기 어려웠거든요. 우리 주변의 물질은 모두 원자로 이루어져 있고 원자 안에는 핵과 전자가 자리합니다. 전자가 파동이라면 우리 주변에 딱딱하게 만져지는 모든 것이 파동이라는 말인데, 누구라도 쉽게 믿기 어려운 사실이었습니다.

---

*   전자 같은 물질도 파동의 성질을 갖는데, 이 파동을 물질파라고 합니다.
**   파동이 장애물을 만나서 퍼지는 현상을 회절이라고 합니다. 회절된 파동들은 겹치면서 특별한 무늬를 만드는데 이것을 회절 무늬라고 합니다.

야구공이 파동이라면?

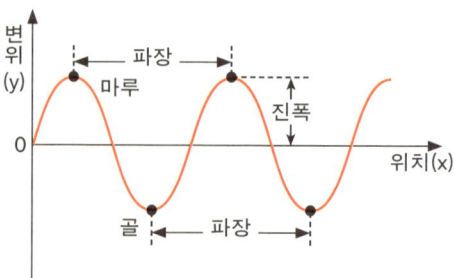

파동의 진폭과 파장

시간이 흘러 마침내 전자의 파동성을 어렵사리 인정한 물리학자들은 다시 심각한 고민에 빠졌습니다. 파동에는 진폭*도 있고 파장**도 있습니다. 전자의 파동에서 진폭과 파장은 어떤 의미를 가질까요? 물질파는 분명 전자가 물결처럼 진동하는 것이 아니라 전자 자체가 파동이라는 개념이었습니다.

물리학자들은 연구 끝에 놀라운 사실을 알아냈습니다. 전자가 빠를수록 물질파의 파장이 짧아지고, 느릴수록 파장이 길어지는 현상을 수식으로 나타낸 것이죠. 이를 이용해 전자의 운동량***을 정의할 수 있었고, 더 놀랍게도 파동의 진폭을 제곱하면 전자가 어느 곳에 있는지 확률을 계산할 수 있었습니다. 전자는 더 이상 '여기에 있다'고 말할 수 없었습니다. 대신 '여기에 있을 확률이 30퍼센트다'라고 말해야 했죠. 이처럼 전자의 파동함수를 알아내면 전자에 관한 중요한 정보를 얻을 수 있었습니다.

이 파동함수 개념은 오스트리아의 물리학자 에르빈 슈뢰딩거가 1926년에 만들었습니다. 그는 전자의 파동성을 수학적으로 표현한 '슈뢰딩거 방정식'을 제시했습니다. 이 방정식은 전자가 '확률적으로 어디에 있는지' 계산해 줍니다. 예를 들면 수

* 진동의 중심에서 얼마나 벗어나서 흔들리는지를 가리키는 척도입니다.
** 파동의 마루와 마루, 골과 골 사이 거리를 말합니다.
*** 질량과 속력의 곱으로 나타내는 물리량입니다.

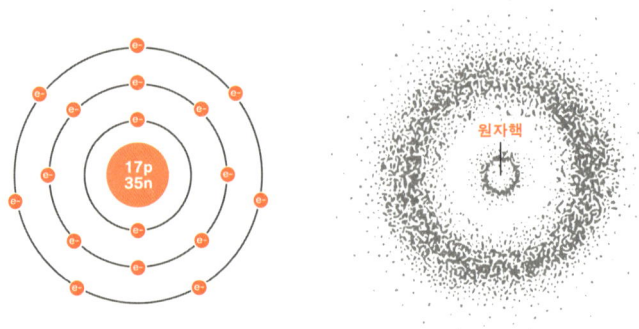

보어의 원자 모형(왼쪽)과
파동 방정식을 풀어서 알아낸 전자구름 원자 모형(오른쪽)

소 원자처럼 전자가 하나뿐인 환경에서 수소 원자에 대한 슈
뢰딩거 방정식을 풀면, 에너지에 따라 전자가 분포하는 모양이
구해집니다.

궤도에서 오비탈로, 전자구름의 발견

원자는 원자핵과 전자로 이루어져 있습니다. 전자는 원자핵 주위를 돌고, 그 궤도는 전자의 에너지에 따라 정해지죠. 보어 모형에 따르면, 전자는 마치 지구가 태양 주위를 돌듯 정해진 원궤도에서만 돕니다. 그런데 슈뢰딩거가 전자의 파동함수를 풀어 보니, 전자는 단순히 동그란 궤도만 도는 게 아니었습니다. 온갖 이상하고 다양한 모양의 분포가 나타났죠. 왜 그럴까요?

양자역학이 발전하면서 전자는 파동의 성질을 갖고 구름처럼 뿌옇게 흩어진 확률 분포를 갖는다는 사실이 밝혀졌습니다. 보어 모형에서는 전자의 길을 궤도^{orbit}라고 불렀지만, 파동성을 반영한 새로운 모형에서는 오비탈^{orbital}이라고 부릅니다.

영어 이름이 비슷해서 헷갈리지만, 의미는 전혀 다릅니다. 궤도는 '전자가 도는 길'이고, 오비탈은 '전자가 있을 확률이 높은 영역'입니다.

오비탈 모양은 양자수라는 규칙에 따라 달라집니다. 양자수는 원자 속 전자의 성질과 에너지를 나타내는 '주소'와 같습니다. 전자마다 네 가지 양자수가 정해지면, 그 전자가 어떤 모양의 오비탈에 있을지가 결정되죠. 그래서 전자는 단순한 원 궤도가 아니라, 구형·아령형·도넛형 등 다양한 오비탈 속에 자리 잡게 됩니다.

수소 원자는 전자가 하나뿐이라 오비탈 구조를 이해하기 가장 좋은 예입니다. 가장 안쪽에서 전자를 품고 있는 오비탈을 '1s 오비탈'이라고 부릅니다. 1s 오비탈은 원자핵을 중심으로 구 모양의 확률 분포를 가집니다. 즉, 전자가 핵을 중심으로 어느 방향이든 고르게 분포하죠. 에너지가 커져서 2s, 3s가 되면 구 모양은 여전하지만 전자가 평균적으로 더 멀리 퍼져 나가고, 중간에 전자가 잘 나타나지 않는 얇은 '빈 껍질' 같은 영역이 생깁니다.

양자수에 따라 오비탈은 조금 다른 형태를 띠기도 합니다. p오비탈은 아령처럼 생겼는데 두 개의 덩어리가 핵을 사이에 두고 마주 보는 모양입니다. p오비탈은 방향에 따라 P_x, P_y, P_z로 나뉘며, 3차원 좌표계처럼 각각 x축, y축, z축 방향으로 배

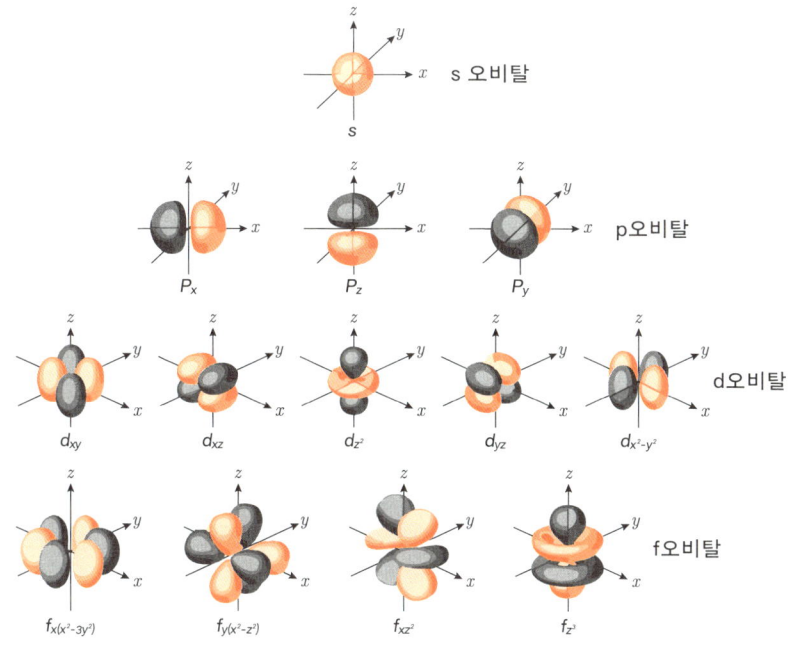

다양한 오비탈 모양

열됩니다. 에너지가 더 커지면 d오비탈(클로버 모양)이나 f오비탈(더 복잡한 꽃 모양) 같은 오비탈도 나타납니다. 갈수록 모양이 복잡해지고 화려해지죠.

오비탈의 모양과 방향은 원자끼리 결합하는 방식, 즉 화학 결합의 종류와 강도를 결정합니다. 예를 들어, s오비탈끼리 겹치면 시그마$^\sigma$ 결합이 형성됩니다. p오비탈끼리 정면으로 겹쳐도 시그마 결합이 만들어지죠. 그런데 p오비탈끼리 옆으로 겹치면 파이$^\pi$ 결합이 형성됩니다. 결국 오비탈의 모양을 알면, 어떤 원자들이 어떻게 붙어서 분자가 만들어질지 예측할 수 있는 것입니다. 오비탈은 분자의 모양을 예측하는 매우 실용적인 도구입니다.

오비탈 모형의 장점은 명확합니다. 보어 모형은 단순히 전자가 도는 길을 그려 주었지만, 오비탈 모형은 전자가 있을 가능성이 높은 영역을 3차원으로 보여 줍니다. 그 모양과 방향에 따라 결합 형태를 설명하거나, 여러 전자가 동시에 존재하는 복잡한 원자와 분자도 다룰 수 있죠. 오비탈 모형은 원자 속 풍경을 훨씬 현실적으로 보여 주어, 화학 반응과 물질의 성질을 더 정확하게 이해하게 해 줍니다. 바로 이 오비탈 개념이 벤젠의 비밀을 풀 열쇠입니다.

벤젠이 특별한 이유

오비탈이 화학 반응과 물질의 성질을 이해하는 데 도움을 준다고 했으니, 이제 그 개념을 벤젠에 적용해 보겠습니다.

벤젠은 여섯 개의 탄소 원자가 고리 모양으로 연결되어 있고, 각 탄소에는 수소 원자가 하나씩 붙어 있습니다. 이 탄소 원자들이 어떻게 결합하는지 이해하려면 탄소의 오비탈을 살펴

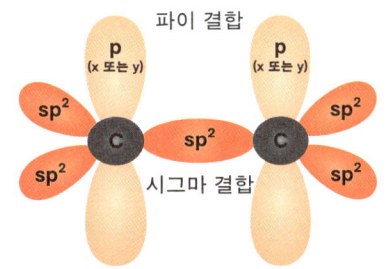

파이 결합

시그마 결합

시그마 결합과 파이 결합

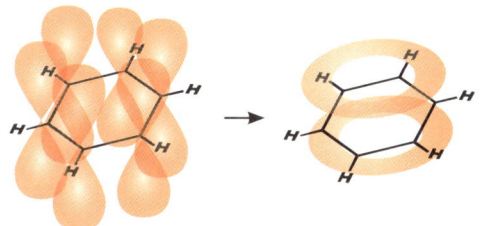

벤젠에서 p오비탈의 모습과
이로 인해 만들어진 도넛 모양 전자구름

봐야 합니다. 탄소 원자에는 여러 개의 오비탈이 있습니다. 벤젠의 탄소는 이 오비탈들을 특별한 방식으로 활용합니다. 원래 있던 오비탈 가운데 일부를 섞어서 새로운 형태의 오비탈을 만드는 거죠. 이렇게 섞인 오비탈은 평면에서 120도씩 벌어진 세 방향을 가리킵니다. 마치 삼각뿔의 꼭짓점을 향하듯이요.

그런데 중요한 점이 하나 더 있습니다. 섞이지 않고 남는 오비탈이 하나 있는데, 이 오비탈이 벤젠을 특별하게 만드는 핵심입니다. 이 오비탈은 육각형 평면의 위아래로 뻗어 있습니다.

그래서 벤젠에서 탄소들은 두 가지 방식으로 결합합니다. 첫 번째는 튼튼한 뼈대를 만드는 결합입니다. 각 탄소는 이웃한 탄소 두 개, 그리고 수소 원자 하나와 정면으로 꽉 붙어서 결합합니다. 이것이 시그마 결합입니다. 이 결합들이 육각형의 튼튼한 골격을 만들어 주죠. 두 번째는 특별한 결합입니다. 아까 말한 위아래로 뻗은 오비탈들이 만드는 결합인데, 바로 파이 결합입니다. 이 결합이 벤젠을 이해하는 핵심입니다.

보통 분자에서 전자는 두 원자 사이에만 머무릅니다. 하지만 벤젠은 다릅니다. 파이 결합을 만드는 전자들이 특정 위치에 갇혀 있지 않고, 고리 전체를 자유롭게 돌아다닙니다. 비유하자면 이렇습니다. 보통 결합은 전자가 지정석에 앉아 있는 것과 같습니다. 하지만 벤젠의 파이 전자들은 자유석 티켓을 받은 것처럼 육각형 전체를 돌아다닙니다. 고리 전체가 자신의 영역인 거죠. 사람들은 이를 도넛에 비유하기도 합니다.

전자들이 이렇듯 고리 전체에 퍼져 있으면 어떤 일이 일어날까요?

첫째, 모든 결합 길이가 같아집니다. 전자들이 고리 전체에 골고루 퍼져 있으니, 모든 C-C 결합이 똑같은 힘을 받습니다. 그래서 측정해 보면 모두 1.39옹스트롬으로 똑같죠. 케쿨레가 고민했던 바로 그 수수께끼가 풀리는 겁니다.

둘째, 벤젠이 매우 안정해집니다. 전자들이 넓은 공간에 퍼

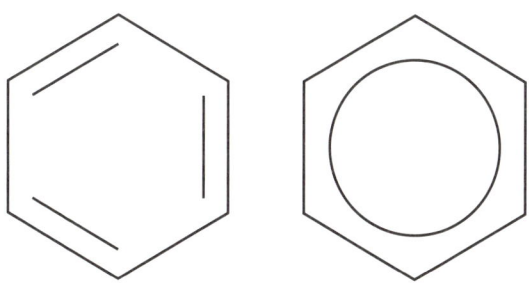

케쿨레의 모형(왼쪽)과
전자구름을 표현한 벤젠의 분자 구조(오른쪽)

져 있으면 에너지가 낮아집니다. 마치 사람들이 좁은 방보다 넓은 방에서 더 편안한 것처럼요. 그래서 벤젠은 예상보다 훨씬 안정합니다.

현대 화학에서는 벤젠을 그릴 때, 육각형 안에 작은 동그라미를 그려 넣습니다. 이 동그라미는 단순한 장식이 아닙니다. '전자들이 고리 전체에 퍼져 있다'는 사실을 나타내는 중요한 기호죠. 케쿨레의 꿈속에서 뱀이 꼬리를 물어 만든 고리. 그 고리 안에 숨어 있던 진짜 비밀은 양자역학의 전자구름으로 밝혀졌습니다. 전자가 특정 위치에 갇혀 있지 않고 고리 전체를 자유롭게 돌아다닌다는 기묘한 개념. 이게 바로 벤젠이 특별한 이유입니다. 결국 벤젠의 안정성과 독특한 성질은 양자역학 없이 설명할 수 없었습니다.

추상적 이론에서 손안의 스마트폰으로

여러분의 스마트폰에는 수천 장의 사진이 저장되어 있을 겁니다. 가족사진, 연인과의 사진, 친구들과의 추억까지. 그런데 잠깐, 이런 걱정을 한 적이 있나요? '휴대폰 전원이 꺼지면 사진이 지워지지 않을까? 휴대폰의 사진은 분명 전기를 이용해서 저장될 텐데 배터리를 완전히 빼 버리면 지워지는 것 아니야?'

다행히도 우리는 전원을 차단해도 휴대폰 데이터가 지워지지 않는다는 사실을 경험으로 알고 있습니다. 그런데 양자역학이 여러분의 사진을 지켜 주고 있다는 사실은 아마 몰랐을 거예요. 비결은 양자역학의 가장 신기한 현상 가운데 하나인 '양자 터널링quantum tunneling'에 있습니다.

앞서 우리는 전자가 파동의 성질을 가진다고 배웠습니다. 전자는 작은 공처럼 딱딱한 입자가 아니라, 물결처럼 퍼져 있는 존재죠. 이 파동의 성질 덕분에, 전자는 고전 물리학에서는 절대 불가능한 일을 해냅니다.

언덕 아래에 있는 공을 생각해 봅시다. 공이 언덕을 넘어가려면 언덕 꼭대기까지 올라갈 만큼 큰 에너지가 필요합니다. 에너지가 부족하면 중간까지 갔다가 다시 굴러 내려오겠죠. 언덕이 공에 '장벽' 역할을 하는 셈입니다. 물리학에서는 이를 '퍼텐셜 장벽potential barrier'이라고 부릅니다.

고전 물리학에서는 규칙이 간단합니다. 장벽을 넘으려면 반드시 장벽 높이보다 큰 에너지가 필요합니다. 에너지가 부족하면? 절대로 넘어가지 못합니다. 확률 0퍼센트입니다.

하지만 양자역학에서는 다릅니다. 양자역학의 세계에서 전자는 파동의 성질을 갖습니다. 그래서 장벽을 만나면 신기한 일이 벌어집니다. 슈뢰딩거의 파동 방정식을 풀어 보면 전자의 파동이 장벽 속으로 살짝 스며들거든요. 만약 장벽이 충분히 얇다면? 파동의 일부가 장벽을 완전히 통과해서 반대편까지 퍼져 나갑니다. 그 결과, 에너지가 부족한 전자가 장벽 너머에서 발견될 작은 확률이 생겨요. 이 현상을 양자 터널링이라고 부릅니다. 마치 전자가 터널을 뚫고 나온 듯 보이지만, 사실은 전자의 파동이 장벽 너머로 이어진 거죠.

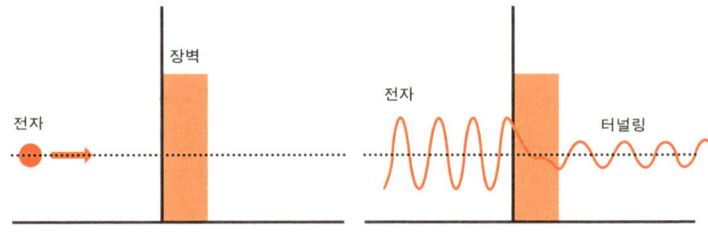

전자의 파동함수가 장벽 너머에서도 존재하여
전자가 장벽을 넘어서 발견될 수 있다.

비유하자면 이렇습니다. 문을 열지 않고도 문 반대편에 갑자기 나타날 수 있다면? 그게 바로 터널링입니다. 순간이동 같은 것이 아니라 통과할 확률이 있다고 이해하면 됩니다. 물론 우리 같은 큰 물체는 절대 그럴 수 없지만, 전자처럼 작은 입자는 가능합니다.

플래시 메모리와 양자 터널링

1927년, 독일의 물리학자 프리드리히 훈트가 파동이 장벽을 통과할 가능성을 처음 제시했습니다. 소련 출신 물리학자 조지 가모프*는 1928년 이 아이디어를 핵물리학에 적용해서 오랜

---

*   빅뱅 우주론의 발전에 기여한 구소련 출신 물리학자입니다.

수수께끼를 풀었습니다.

알파입자[*]는 원자핵 속에 강한 핵력으로 꽉 붙잡혀 있습니다. 마치 강한 자석에 끌어당겨지는 것처럼 강한 힘으로 붙들려 있죠. 고전 물리학에서는 이 알파입자의 에너지가 핵력을 이기지 못하므로 밖으로 나올 수 없습니다. 하지만 양자역학적으로 보면 알파입자의 파동이 원자핵의 장벽 바깥까지 스며들 수 있습니다. 그래서 아주 드물지만, 알파입자가 원자핵을 뚫고 나와 방출되곤 하는 거죠.

가모프는 이 원리를 이용해 방사성 원소들의 반감기를 계산했는데, 실험 결과와 놀랍도록 정확하게 일치했습니다. 터널링은 더 이상 이론이 아니라 현실이 된 겁니다.

양자 터널링은 일상과 상관없어 보이는 핵물리학만의 이야기는 아닙니다. 지금 여러분이 들고 있는 스마트폰 속에서도 매 순간 일어나고 있거든요. 바로 플래시 메모리가 전자의 터널링 현상을 이용해 데이터를 기록하는 부품입니다. USB 메모리, SD 카드, 스마트폰 저장 공간 모두 플래시 메모리를 사용하죠. 이 메모리의 특별한 점은 전원을 꺼도 데이터가 지워지지 않는다는 겁니다.

플래시 메모리 안에는 아주 아주 얇은 절연막[**]으로 둘러싸

---

[*] 러더퍼드가 원자핵 발견에서 사용한 입자입니다.

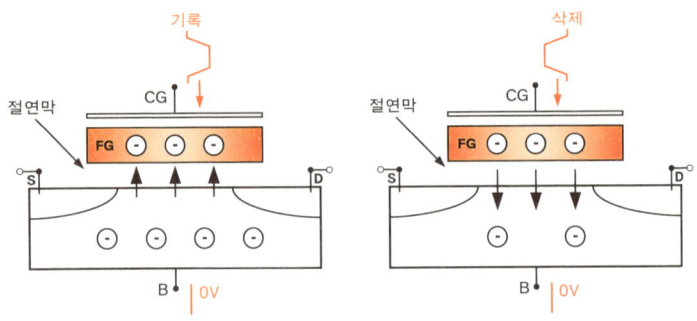

플래시 메모리에서 터널링 현상을 이용해 전자를 가둬 두는 모습

인 '플로팅 게이트floating gate'라는 작은 방이 있습니다. 이 방은 전기가 통하지 않는 벽으로 사방이 막혀 있습니다. 고전 물리학에 따르면 전자가 절대 들어갈 수 없는 공간이죠.

데이터를 저장할 때 우리는 전압을 걸어 줍니다. 그러면 전자가 에너지를 얻어 절연막이라는 장벽을 터널링으로 통과해 플로팅 게이트 안으로 들어갑니다. 전자가 들어가면 그 셀은 '1'로 기록됩니다. 반대로 데이터를 지울 때는 전압을 반대 방향으로 걸어 줍니다. 그러면 전자가 터널링을 거쳐 빠져나가고, 그 셀은 '0'이 됩니다.

여기서 중요한 점이 있습니다. 전자가 장벽을 '뛰어넘는' 게

**　　전기가 통하지 않는 막입니다.

아니라 파동의 성질 때문에 장벽을 '통과'한다는 점이죠. 절연막이 수 나노미터로 매우 얇기 때문에 터널링이 가능하고, 덕분에 플래시 메모리는 매우 빠르게 데이터를 저장하고 꺼냅니다.

전원을 끄면 어떻게 될까요? 전압이 걸리지 않으면 전자가 절연막을 넘어갈 에너지를 얻지 못합니다. 그래서 전자는 그대로 플로팅 게이트 안에 갇힌 채로 남습니다. 이 원리 덕분에 우리는 배터리가 없는 USB 메모리에도 데이터를 오래도록 안전하게 저장할 수 있는 겁니다.

터널링의 양면성

터널링은 아주 신기하고 유용한 현상이지만, 단점도 있습니다. 반도체 소자가 작아지면 작아질수록 원하지 않은 터널링이 발생할 수 있거든요. 예를 들어, 마이크로칩의 회로 간격이 너무 좁아지면 전자가 원래 가지 말아야 할 곳으로 새어 나갑니다. 마치 물이 새는 수도관처럼요. 그러면 오류가 생깁니다. 이 때문에 반도체를 무한정 작게 만들 수 없습니다. 터널링 현상이 갖는 한계가 더 작고 촘촘한 회로를 설계하는 데 제약을 주는 거죠. 아이러니하게도 플래시 메모리를 가능하게 만든 터널링은, 동시에 반도체 기술 발전의 물리적 한계이기도 합니다.

드 브로이가 1924년에 제안한 물질파, 슈뢰딩거가 1926년에 만든 파동 방정식. 이 추상적 이론들은 불과 100년도 안 되어 우리 손안의 스마트폰 속에서 매 순간 작동하고 있습니다. 전자가 벽을 통과한다는 말도 안 되는 현상이 수천 장의 사진을 지켜 주고 있는 것이죠.

바늘로 만지는
현미경의 탄생

과학 시간을 떠올려 보세요. 양파 표피 세포를 현미경으로 관찰한 적이 있죠? 접안렌즈를 들여다보며 초점을 맞추면 신기하게도 벽돌 모양의 양파 표피 세포가 나타납니다. 우리 눈으로는 절대 볼 수 없는 작은 세계를 현미경이 보여 주죠. 하지만 광학현미경에는 한계가 있습니다. 아무리 좋은 렌즈를 쓰고, 배율을 높여도 볼 수 없는 것들이 있거든요. 바로 원자입니다.

광학현미경은 빛을 이용해서 물체를 봅니다. 물체에 빛을 비추고, 반사되거나 통과한 빛을 렌즈로 모아서 확대하는 원리죠. 그런데 문제가 있습니다. 빛의 파장(약 400~700나노미터)보다 작은 물체는 볼 수 없다는 점입니다. 모래알은 손가락으로

만질 수 있지만, 모래알보다 더 작은 밀가루 입자 하나는 손으로 잘 느껴지지 않는 것과 같습니다. 우리 손끝의 신경도 느끼는 데 한계가 있습니다. 원자의 크기는 약 0.1나노미터입니다. 빛의 파장보다 수천 배나 작죠. 그래서 광학현미경으로는 원자를 절대 볼 수 없습니다. 이것은 기술의 문제가 아니라 물리학의 근본적 한계입니다.

처음으로 '본' 원자의 모습

1981년, IBM 취리히 연구소의 게르트 비니히와 하인리히 로러가 혁명적인 발명을 했습니다. 빛 대신 전자를 이용해서 원자를 보는 현미경, 바로 주사 터널링 현미경Scanning Tunneling Microscope; STM입니다. 이 현미경의 원리는 광학현미경과 완전히 다릅니다. 빛으로 보지 않고, 말 그대로 '만져서' 보죠.

눈을 감고 테이블 위에 놓인 물건을 만져서 그 물건이 무엇인지 맞춰야 한다고 해 봅시다. 먼저 손으로 조심스럽게 만져 보겠죠? 손가락으로 물건의 표면을 천천히 따라가 보면서 모양을 상상하면서요. 주사 터널링 현미경도 똑같이 합니다. 다만 '손가락' 대신 엄청나게 뾰족한 바늘을 사용하죠. 이 바늘이 얼마나 뾰족하냐면, 바늘 끝이 원자 하나로 이루어져 있을 정도입니다.

이 바늘을 시료 표면에 1나노미터 정도로 아주 가까이 가져가면 신기한 일이 일어납니다. 바늘과 시료 사이에 전압을 걸었을 때 전자가 둘 사이 빈 공간을 터널링으로 통과하면서 전류가 흐르는 겁니다. 고전 물리학이라면 불가능한 일입니다. 바늘과 시료 사이는 진공이거든요. 전기가 통할 수 없는 공간이죠. 고전 역학에서 진공은 전자에 퍼텐셜 장벽입니다. 에너지가 작으면 절대 이 공간을 통과할 수 없습니다. 하지만 양자역학의 세계에서는 가능합니다. 전자의 파동이 진공을 가로질러 반대편까지 도달할 수 있으니까요.

여기서 핵심은 터널링 전류의 세기가 거리에 극도로 민감하다는 점입니다. 퍼텐셜 장벽의 두께에 따라 전류가 크게 달라진다는 말입니다. 바늘과 시료 사이 거리가 원자 하나 크기인 0.1나노미터만 변해도 전류가 10배나 달라져요. 엄청나게 예민하죠. 현미경은 이 성질을 이용합니다. 바늘을 시료 표면 위에서 천천히 움직이며 스캔합니다. 표면이 올록볼록하면 바늘과의 거리가 계속 변하겠죠? 그러면 터널링 전류도 계속 변합니다. 이 전류의 변화를 측정하면 표면의 모양을 알 수 있습니다.

어둠 속에서 손가락 끝으로 벽을 스치며 지나간다고 생각해 보세요. 벽에 튀어나온 부분이 있으면 손가락이 벽에 더 가까워지니까 손에 닿는 느낌이 달라지겠죠? 주사 터널링 현미

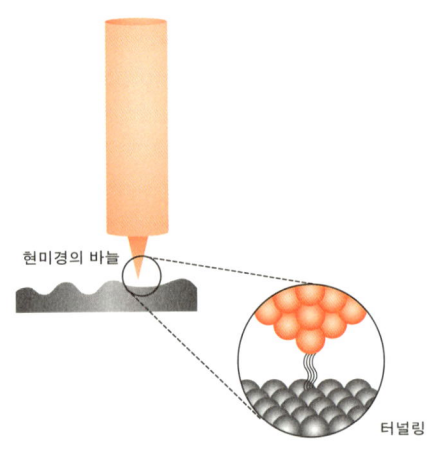

현미경의 바늘

터널링

주사 터널링 현미경의 원리

경은 이런 식으로 원자 하나하나의 위치를 '느껴서' 이미지를 만듭니다.

1981년 주사 터널링 현미경의 발명이 처음 발표되었을 때, 과학자들은 반신반의했습니다. 정말 원자를 볼 수 있을까? 하지만 곧 놀라운 이미지들이 나오기 시작했습니다. 실리콘 표면에 규칙적으로 배열된 원자들, 금 표면의 원자 구조, 그래핀의 육각형 격자. 상상도가 아니라 실제 사진이었습니다. 드디어 인류는 처음으로 원자를 '봤습니다.' 비니히와 로러는 이 공로로 1986년 노벨물리학상을 받았습니다.

더 놀라운 사실은 이 현미경으로 원자를 움직일 수도 있다

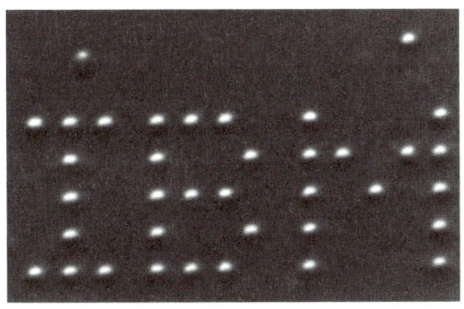

1990년 IBM이 원자로 쓴 로고

는 점입니다. 1990년, IBM 연구팀은 주사 터널링 현미경의 바늘로 제논^{Xenon} 원자 35개를 하나씩 집어서 'IBM'이라는 글자를 썼습니다. 각 글자가 원자 몇 개로 이루어진, 역사상 가장 작은 로고였죠. 이 이미지는 나노 기술의 상징이 되었습니다.

반도체 혁명을 이끌다

주사 터널링 현미경의 등장은 특히 반도체 산업에 혁명을 일으켰습니다. 반도체 칩은 점점 작아지고 있습니다. 회로의 선폭*은 1980년대만 해도 수 마이크로미터였지만, 지금은 나노미터

* 반도체 회로에서 설계된 도선의 폭을 말합니다.

단위입니다. 원자 수십 개를 나란히 놓은 정도의 두께죠. 이렇게 작은 회로를 설계하고 제작하려면 원자 수준에서 물질의 성질을 이해해야 합니다. 반도체 표면에 원자들이 어떻게 배열되어 있는지, 불순물이 어디에 있는지, 결함은 없는지를 정확히 알아야 하죠. 주사 터널링 현미경이 없었다면 이런 분석이 불가능했을 겁니다.

실제로 반도체 회사들은 주사 터널링 현미경을 이용해 칩의 표면 구조를 원자 단위로 분석합니다. 새로운 소재를 개발할 때도, 제조 공정을 개선할 때도, 불량을 찾아낼 때도 이 현미경이 필수입니다. 실리콘 웨이퍼* 위에 박막**을 증착할 때 원자들이 제대로 배열되었는지, 도핑***된 불순물이 올바른 위치에 있는지 직접 확인할 수 있거든요.

그래핀, 탄소나노튜브 같은 신소재들도 주사 터널링 현미경으로 구조를 분석합니다. 이 물질들은 원자 배열에 따라 성질이 완전히 달라지므로, 원자 수준의 분석이 매우 중요해요. 표면에서 일어나는 화학 반응도 실시간으로 관찰할 수 있습니다. 촉매가 어떻게 작동하는지, 분자들이 어떻게 결합하는지 원자 하나하나를 보면서 연구할 수 있는 겁니다.

* 반도체의 재료가 되는 판을 말합니다.
** 얇은 막이라는 뜻입니다.
*** 반도체에 불순물을 섞는 과정을 가리킵니다.

생물학에서도 주사 터널링 현미경이 활약합니다. DNA나 단백질 구조를 원자 수준에서 관찰하고, 약물이 단백질에 어떻게 결합하는지도 볼 수 있죠. 나노 기술 분야에서는 원자를 하나씩 배치해서 나노 구조물을 만드는 데 사용합니다. 미래의 나노로봇, 극도로 작은 전자회로, 분자 기계를 만드는 기초 연구가 모두 이 현미경에서 시작됩니다.

21세기 문명의 토대

주사 터널링 현미경의 등장은 과학의 패러다임을 바꿨습니다. 이전에는 원자를 간접적으로만 연구할 수 있었습니다. X선 회절, 분광학 같은 방법으로 원자의 존재를 추론했죠. 하지만 이제는 직접 봅니다. 심지어 만지고 움직일 수도 있습니다.

광학현미경이 세포생물학을 열었다면, 주사 터널링 현미경은 나노과학을 열었습니다. 그 핵심에는 양자 터널링이 있습니다. 이제 다시 손안을 봅시다. 스마트폰이 있죠? 그 안에 양자 역학이 보이시나요?

첫 번째는 플래시 메모리입니다. 전자가 절연막을 터널링으로 통과해서 데이터를 저장합니다. 여러분의 사진, 연락처, 메시지가 모두 양자 터널링 덕분에 보관되는 거죠.

두 번째는 스마트폰을 만들 수 있게 해 준 기술입니다. 나노미터 단위의 정밀한 회로, 수십억 개의 트랜지스터가 들어간 프로세서. 이런 것들을 설계하고 제작하는 일이 가능해진 건 주사 터널링 현미경으로 원자를 직접 보고 분석할 수 있었기 때문입니다.

1920년대 물리학자들이 머리를 싸매고 고민하던 전자의 파동성, 전자가 장벽을 통과하는 기묘한 현상. 그 추상적 이론이 60년 후에는 원자를 보는 도구가 되었고, 다시 40년이 지난 지금은 우리 손안에서 매 순간 작동하고 있습니다.

우리는 양자역학 없이는 하루도 살 수 없는 세상에 살고 있습니다. 눈에 보이지 않는 미시 세계의 법칙이 우리가 만지고 사용하는 모든 전자기기를 가능하게 만들었습니다. 전자가 파동이라는 사실, 그래서 불가능해 보이는 일을 해낸다는 사실. 이 이상한 진실이 바로 21세기 문명의 토대입니다.

3.
식물은
어떻게 자라는가?

땅 위에서 피어나는
양자역학

"고양이는 살아 있을까, 죽었을까?"

진행자 "안녕하세요, 여러분. 오늘은 과학 역사상 가장 유명한 고양이를 만나 보겠습니다. 그 이름은 슈뢰딩거의 고양이.

이 고양이는 아주 특별합니다. 상자 안에 갇혀 있으면서 살아 있기도 하고, 죽어 있기도 하거든요. 이게 무슨 소리냐고요? 오늘 그 미스터리를 파헤치기 위해 전설적인 물리학자 세 분을 모셨습니다. 바로 이 고양이의 아버지, 에르빈 슈뢰딩거 박사님, 실재론의 수호자 알베르트 아인슈타인 박사님, 그리고 코펜하겐 해석의 주창자 닐스 보어 박사님입니다.

먼저, 슈뢰딩거 박사님. 그 고양이, 어떻게 상자에 들어가게 된 겁니까?"

슈뢰딩거 "고양이는 단지 희생양이었어요. 저는 사실 고양이를 사랑하는 사람입니다. 그런데 당시에 양자역학이 너무 이상한 방향으로 가고 있다고 느꼈습니다. 특히 코펜하겐 해석하시는 분들, 이 자리에 닐스 보어 선생님이 계시지만, 그분들이 '입자는 동시에 여러 상태로 존재한다'는 이상한 해석을 하시는 겁니다. 그래서 제가 이 상황을 만든 겁니다. 실제 고양이를 넣진 않았고요. 사고실험입니다. 머릿속에서 실험하는 것이죠. 여기 아인슈타인 선생님께서도 자주 하시던 방식입니다.

일단 안을 볼 수 없는 상자 안에 고양이 한 마리와 방사성 원소 하나(아주 작은 입자입니다)를 넣습니다. 입자는 시계 역할과 확률을 부여하는 두 가지 역할을 합니다. 고양이가 방사성 원소 때문에 죽는 것은 아니에요. 이 방사성 입자는 1시간이 지나면 붕괴하는데 그 확률은 딱 50퍼센트입니다. 붕괴하면 가이거 계수기가 반응해서 독가스를 뿜고 고양이는 죽습니다.

문제는 여기부터죠. 양자역학에 따르면, 방사성 입자는 붕괴 확률이 50퍼센트라 붕괴할 수도 있고, 붕괴하지 않을 수도 있습니다. 그러니 양자역학적으로 입자는 붕괴한 상태와 붕괴하지 않는 상태가 동시에 존재합니다. 상자 밖에 있는 우리는 이 사실을 전혀 알 수 없습니다. 그러니 당연히 입자와 연결된 고양이도 살아 있으면서 죽어 있어야 하지 않겠습니까?"

진행자 "굉장히 직설적이고 날카로운 방식으로 양자역학의 모순을 드러내신 거네요."

슈뢰딩거 "그렇죠. 저는 이걸 진지하게 믿은 게 아니라, '보시라, 얼마나 말도 안 되는지!'를 보여 주고 싶던 겁니다."

진행자 "좋습니다. 자, 그럼 조용히 듣고 계신 아인슈타인 박사님께 여쭤 보죠.

박사님, 이 고양이, 정말 동시에 살아 있고 죽어 있을 수 있습니까?"

아인슈타인 "아니요. 그럴 수 없습니다. 물리학은 현실을 설명하는 학문입니다. '관측하기 전까지는 고양이가 살아도 있고 죽어도 있다?' 이건 과학이 아니라 마술이지요. 저는 항상 이렇게 말합니다. '신은 주사위를 던지지 않는다.' 입자의 상태는 우리가 보든 안 보든 정해져 있어야 합니다. 우리가 모른다는 건 지식의 한계이지, 자연이 '결정을 안 했기 때문'은 아니에요."

진행자 "그렇다면 박사님은, 고양이가 상자에 있는 순간 이미 살았든 죽었든 둘 중 하나라는 입장이신 거군요?"

슈뢰딩거 고양이 사고실험

아인슈타인 "그렇습니다. 물리학은 현실을 설명해야 합니다. 관측이라는 인간의 행위에 의존해서야 되겠습니까? 달이 우리가 보지 않을 때 존재하지 않는다고 말할 순 없잖아요?"

진행자 "흥미롭습니다. 이제, 코펜하겐 해석의 핵심 주창자이자 양자역학의 철학적 신비주의자, 보어 박사님의 의견을 들어보겠습니다.

이 고양이, 정말 살아 있는 동시에 죽어 있는 겁니까?"

보어 "아인슈타인 박사님께서 흥분하시는 것 충분히 이해합니다. 중요한 건 고양이 자체가 어떤 상태냐가 아니라, 우리가 그 상태에 관해 '무엇을 알고 있느냐'입니다. 양자역학에서 중요한 건 '관측'이 아니라 '상태'입니다. 관측 이전에는 고양이가 '살아 있음'과 '죽어 있음'이 둘 다 가능한 상태로 존재합니다. 우리는 이를 중첩^{superposition}이라고 부르지요.

관측하는 순간, 고양이의 파동함수가 '붕괴'하며 두 가능성 가운데 하나로 결정됩니다. 그전까지 자연은 열린 가능성으로 존재하죠."

진행자 "그렇다면 박사님, 자연이 진짜 결정을 내리지 않고 우리가 관측할 때까지 기다리고 있다는 말씀인가요?"

보어 "기다린다는 표현은 조금 엉뚱하지만 본질적으로는 결정되지 않은 상태로 존재한다고 봅니다. 우리는 항상 측정 장치와 관측자라는 조건 속에서 자연을 해석합니다. 양자 세계에서는, 질문을 던지지 않으면 답도 존재하지 않아요."

진행자 "좋습니다. 지금까지 각 입장을 요약해 보자면요, 슈뢰딩거 박사님은 고양이 사고실험으로 양자 해석이 얼마나 직관과 어긋나는지를 드러내려 했습니다. 아인슈타인 박사님은 관측과 상관없이 고양이는 명확한 상태에 있다고 주장하셨습니다. 보어 박사님은 고양이의 상태가 관측 전에는 '결정되지

상자 속 고양이와 보어, 슈뢰딩거, 아인슈타인

않은 가능성의 중첩'으로 존재한다고 보셨고요.

그렇다면 핵심 질문은 이것입니다.

현실은 우리가 보기 전에도 존재하는가? 아니면 우리가 보는 순간에야 확정되는가?"

슈뢰딩거 "제가 정말 걱정한 것이 바로 그겁니다. 입자 하나의 중첩은 받아들일 수 있습니다. 하지만 고양이처럼 큰 존재가 중첩된다면? 그렇다면 우리 자신도 '살아 있으면서 죽어 있는' 존재가 되어야 하지 않습니까? 그래서 제가 이 사고실험을 만든 거예요. 물리학자가 아닌 사람들도 이해할 수 있게 양자이론의 이상함을 드러낸 겁니다."

아인슈타인 "중첩은 수학적 도구일 뿐입니다. 자연은 실제 상태를 갖고 있어야 해요. 그게 과학이죠. 실재는 존재하고, 우리가 보든 말든 변하지 않습니다."

보어 "그러나 현실은 그렇게 단순하지 않아요. 자연은 관측자와 분리되지 않습니다. 우리가 어떻게 질문하느냐에 따라 자연은 다른 방식으로 대답하지요. 그게 바로 양자역학의 방식입니다."

진행자 "아 이거 아인슈타인, 보어 박사님 이러다가 밤새워서 토론할 기세입니다. 두 분 어렵게 모셨는데 여기서 결론이 날 순 없는 주제라, 아쉽지만 오늘 이야기는 여기서 마쳐야 할 것 같습니다.

오늘 이야기는 이렇게 끝을 맺죠.

'고양이가 살아 있으면서 동시에 죽어 있을 수 있는가.' 이 질문은 단순한 농담도, 단순한 철학도 아닙니다. 현실이 어떻게 만들어지는지를 묻는 물리학의 핵심 질문이죠.

여러분은 어느 쪽에 가까운가요?

고양이에게 미안하지만, 이 질문은 아직도 열리지 않는 상자 속에 있는 것 같습니다.

지금까지 양자역학 토크쇼였습니다. 감사합니다."

초록색 베일 아래서
벌어지는 일

1.

17세기 어느 여름날, 벨기에의 울창한 숲에 강렬한 태양 빛이 나뭇잎 사이로 쏟아지고 있었습니다. 숲길을 걷던 젊은 의사 얀 밥티스타 판 헬몬트는 시원한 그늘 아래서 잠시 발걸음을 멈췄습니다. 위를 올려다본 그의 눈에 수많은 나뭇잎이 일렁였죠. 따가운 햇살을 막아 주는 그늘에 감사함을 느끼던 순간, 문득 한 가지 궁금증이 떠올랐습니다. "이렇게 거대한 나무는 대체 뭘 먹고 자라는 걸까?"

그는 자연에 대한 진정한 이해는 실험으로 얻어야 한다고 믿었습니다. 그래서 바로 실험을 시작했죠. 버드나무 한 그루를 큰 화분에 심고 흙 무게를 정밀하게 측정한 뒤, 외부 요소는 철저히 차단한 채 오직 빗물만 주며 5년 동안 키웠습니다. 결과는 놀라웠습니다. 버드나무는 무려 70킬로미터 이상 자랐지만, 흙은 고작 0.06킬로그램 줄었을 뿐이었죠. 그는 확신에 차서 결론을 내렸습니다. "식물은 물을 먹고 자란다!"

지금 보면 뭔가 허전한 결론이지만, 당시로서는 의미 있는 연구였습니다. 그때는 식물이 동물처럼 기체를 들이마시고 내뱉는다는 개념 자체가 없었거든요. 공기 속에 산소나 이산화탄소 같은 기체가 존재한다는 사실조차 밝혀지기 전이었으니까요. 우리가 그의 이름을 기억하는 이유가 바로 여기에 있습니다. 식물의 '생장'이라는 현상에 진지하게 의문을 품고, 그 의문을 실험으로 풀려 했던 최초의 인물이었다는 점 말이죠.

100년 정도가 흐른 1774년, 영국의 신학자이자 과학자 조지프 프리스틀리는 헬몬트의 실험에서 한 발짝 더 나아갔습니다. 그는 공기와 식물의 상호작용을 궁금해했죠. 먼저 밀폐된 용기 안에 쥐를 넣고 관찰했는데, 얼마 지나지 않아 쥐가 질식해서 죽고 말았습니다. 같은 용기에 촛불을 넣었더니 금방 꺼져 버렸죠. 그는 공기에 생명을 죽이고 불꽃을 꺼뜨리는 '나쁜 공기'가 있다고 생각했습니다.

그런데 신기한 일이 벌어졌습니다. 용기 안에 민트를 넣자 생쥐가 죽지 않았고, 촛불도 환하게 타올랐던 겁니다! 프리스틀리는 식물이 나쁜 공기를 정화한다고 결론지었습니다. 이후 그는 '좋은 공기'를 찾는 연구를 계속했고, 결국 산화수은을 가열하면 생명체가 숨 쉴 공기가 나온다는 사실을 발견했습니다. 바로 산소였죠.

몇 년 뒤인 1779년, 네덜란드의 의사이자 과학자 얀 잉엔하우스가 프리스틀리의 실험을 반복하다가 이상한 점을 발견했습니다. 어두운 방에선 민트를 넣어도 촛불이 다시 켜지지 않았던 겁니다. 여러 번 실험한 끝에 그는 놀라운 사실을 알아냈습니다. 빛이 있을 때만 식물이 산소를 만들어 낸다는 것을요. 식물과 공기의 상호작용에 빛이 관여한다니, 정말 예상 밖의 발견이었습니다.

그런데 문제가 있었습니다. 이 모든 발견이 정작 식물의 생장과는 직접적으로 연결되지 않았던 거죠. 식물이 어떻게 물만 먹고 자랄 수 있는지, 식물이 빛을 받아 산소를 만드는 일이 생장과 어떤 관련이 있는지는 여전히 미스터리로 남은 채였습니다.

2.

제2차 세계대전이 끝나던 무렵, 미국 UC버클리대학교의 한 실험실에서 두 과학자가 머리를 맞대고 있었습니다. 생화학자 멜빈 캘빈과 유기화학자 앤드루 벤슨. 두 사람은 인간의 눈으로 볼 수 없는 식물 속 비밀을 밝혀낼 기발한 실험을 준비하고 있었죠. 바로 방사성 탄소 동위원소^{14}C를 이용한 추적 실험이었습니다.

먼저 탄소 동위원소가 뭔지 간단히 설명하고 넘어가죠. 보통의 탄소는 양성자 여섯 개, 중성자 여섯 개로 이루어져 있어서 질량수가 12입니다. 그래서 ^{12}C라고 표기하거나 12는 생략하고 그냥 C로만 씁니다. 그런데 탄소 동위원소는 양성자는 똑같이 여섯 개지만 중성자를 두 개 더 갖고 있어서 질량수가 14입니다. 탄소 동위원소는 자연에 아주 소량 존재하며, 불안정해서 시간이 지나면 방사선을 방출하면서 질소로 바뀌는 성질이 있습니다. 이런 원소를 방사성 동위원소라고 하죠.

캘빈과 벤슨은 식물이 흡수할 이산화탄소^{CO_2}의 탄소 원자를 방사성 동위원소^{14}C로 바꿔치기하는 아이디어를 냅니다. 탄소 동위원소는 매 순간 방사선을 방출하므로 마치 탄소 원자에 형광 페인트를 칠한 것처럼 탄소의 위치를 추적할 수 있었죠. 이 방법은 화학과 생명과학 연구사에서 획기적인 전환점이 되었습니다.

실험 방법은 이렇습니다. 광합성을 하는 단세포 녹조류인 클로렐라를 ^{14}C가 포함된 이산화탄소^{14CO_2}와 함께 물속에 넣고 일정 시간 동안 햇볕을 쬐게 했습니다. 그런 다음 뜨거운 메탄올을 부어서 생명 활동을 일시 정지시켰죠. 이후 식물 세포를

¹⁴C로 표지된 이산화탄소에서 조류 세포를 배양해
광합성 경로를 추적한 멜빈 캘빈

방사선 감광 필름에 대고 인화하면서 탄소 동위원소가 어디에
있는지 하나하나 추적해 나갔습니다.

이 과정을 수백 번 반복한 끝에, 마침내 공기 중 이산화탄소
의 탄소가 잎의 엽록소 내부에서 이동한 경로를 그려 낼 수 있
었습니다.

그러자 놀라운 사실이 밝혀졌습니다. 탄소는 식물 내부로
들어와 연속적인 효소 반응을 거치며 당분, 아미노산, 지방산
같은 다양한 생체 분자를 만들었습니다.* 바로 식물의 몸을 이

루는 물질들이었죠. 식물은 빛과 공기를 연료 삼아 생명체의 재료를 직접 만들어 내는 공장이었던 겁니다! 이 놀라운 연구로 캘빈은 1961년 노벨화학상을 단독 수상합니다.[**]

캘빈의 연구로 식물이 자라는 과정의 비밀이 드디어 밝혀졌습니다. 빛[*]에 의한 유기물 합성이었던 거죠. 이 모든 과정을 우리는 '광합성'이라 부릅니다. 식물은 물만 먹고 자라는 게 아니라 이산화탄소와 빛을 먹고 자라는 것이었습니다.

하지만 여전히 수수께끼는 남아 있었습니다. 캘빈과 벤슨은 탄소가 이동하는 화학적 경로를 밝혀냈지만, 정작 그 출발점인 빛 에너지가 어떻게 화학 반응으로 이어지는지는 설명하지 못했기 때문이죠. 빛이 들어와서 탄소가 움직이기 시작하는 첫 순간, 그 마법 같은 순간에 대체 무슨 일이 벌어지는 걸까요?

이 의문은 곧 또 다른 물리학자의 상상력으로 이어집니다.

3.

광합성은 잎의 엽록체 속에서 일어납니다. 그중에서도 '명반응'이라 불리는 과정은 햇빛을 직접 받아 빛 에너지를 화학 에너지로 바꾸는 중요한 역할을 하죠. 이때 만들어진 화학 에너

---

[*]   이것이 고등학교 생명과학 시간에 무턱대고 외웠던 '캘빈 회로'입니다.
[**]   앤드루 벤슨도 같이 수상할 수 있었지만 기여도에서 차이가 나서 단독 수상으로 결정되었습니다.

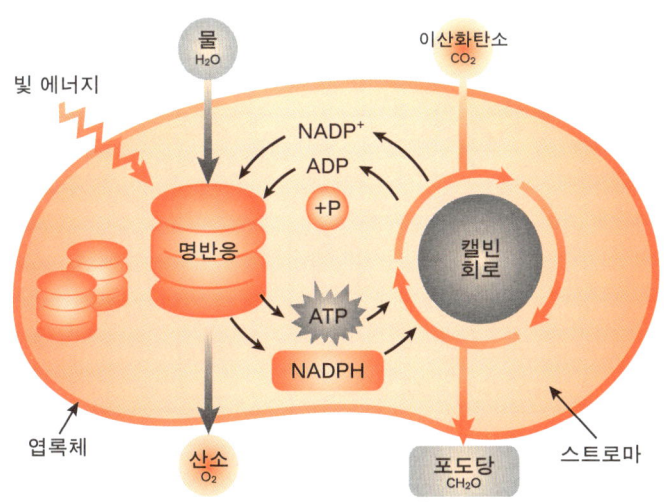

광합성이 일어나는 엽록체와 캘빈 회로 왼쪽은 명반응이다.
오른쪽에 위치하는 캘빈 회로는 암반응이다.

지는 이후 생명체에 필요한 물질을 만드는 동력이 됩니다.

엽록체에서 빛으로 에너지를 만드는 주요 무대를 광계$^{pho-}$ ^{tosystem}라고 합니다. 광계에는 마치 안테나가 전파를 받듯이 빛을 받아들이는 색소들이 모여 있는데, 이를 안테나 복합체^{antenna} ^{complex}라고 부릅니다. 안테나 복합체는 여러 종류의 색소 분자들로 구성되어 있어서, 다양한 파장의 빛을 효과적으로 흡수할수 있어요.

흡수된 빛 에너지는 색소들 사이를 거쳐 광계의 중심에 있

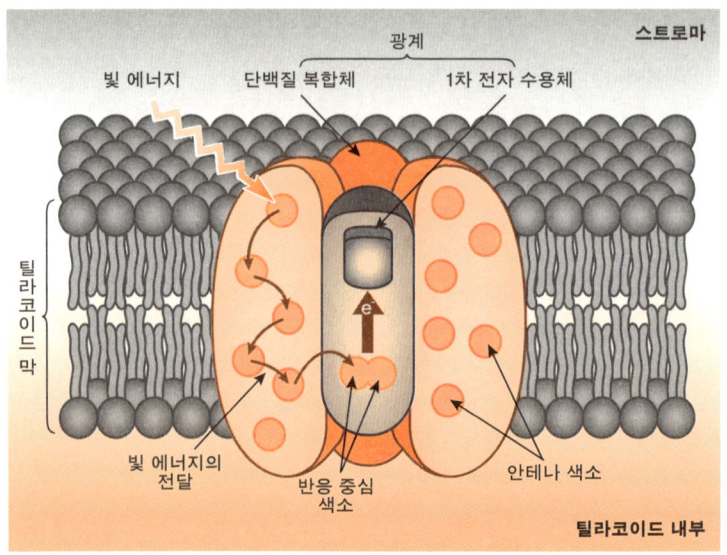

스트로마

광계

빛 에너지　　　단백질 복합체　　1차 전자 수용체

틸라코이드막

빛 에너지의
전달

반응 중심
색소

안테나 색소

틸라코이드 내부

광계에서 빛 에너지가 반응 중심으로 전달되는 모습

는 반응 중심$^{reaction center}$으로 전달됩니다. 반응 중심에서는 빛 에너지를 받은 전자가 들뜨고, 그 결과 빛 에너지가 화학 에너지로 전환됩니다. 마치 태양광 패널이 햇빛을 받아 전기 에너지로 바꾸듯이, 식물의 광계는 빛 에너지를 생명을 이루는 화학 에너지로 바꾸는 정교한 장치인 셈입니다.

　그런데 문제가 발생했습니다. 빛을 받은 색소들이 이 에너지를 반응 중심으로 전달하는 속도가 상상을 뛰어넘을 정도로 엄청나게 빨랐던 겁니다. 실제로 빛이 색소를 통과해 반응 중심에 도달하는 시간은 1조분의 1초 정도였습니다. 생명 현상에서는 일찍이 경험한 적 없는 생소한 빠르기였죠. 과학자들은 당황했습니다. 이 놀라운 현상을 설명하기 위해 많은 이론이 등장하기 시작했습니다.

초기에는 색소 분자들이 서로 충돌하면서 에너지를 전달한다고 생각했습니다. 마치 당구공이 다른 공에 부딪혀서 운동 에너지를 전달하듯이 말이죠. 하지만 문제가 있었습니다. 색소는 엽록체 안에 비교적 단단히 고정되어 있어서 자유롭게 이동하거나 충돌하기 힘들었던 겁니다.

그다음엔 이런 방식을 생각했습니다. 색소가 들뜬 상태가 되어 빛을 방출하면, 인근 색소가 그 빛을 받아들여서 다시 들뜬 상태가 된다는 거죠. 마치 사람들이 횟불을 이어받듯이 말입니다. 하지만 이 방식도 문제가 있었습니다. 빛을 방출하고 다시 흡수하는 과정에서 에너지 손실이 컸고, 속도도 매우 느렸거든요.

결국 1946년, 독일의 물리학자 테오도어 푀르스터가 이 수수께끼를 그럴싸하게 설명할 이론을 고안해 냈습니다. 그는 색소 분자들이 마치 무선 송수신기처럼 서로의 전자기장을 매개로 에너지를 주고받는다고 제안했죠. 이를 FRET^{Förster Resonance Energy Transfer}(푀르스터 공명 에너지 전달)이라고 부릅니다.

이게 어떻게 가능한 걸까요? 라디오를 생각해 보세요. 라디오 송신기와 수신기가 같은 주파수에 맞춰져 있으면, 한쪽에서 보내는 전자기 신호가 다른 쪽에서 바로 수신됩니다. 물리적으로 선으로 연결되어 있지 않아도요. 색소 분자들도 비슷합니다. 특정 조건이 맞으면 두 색소 사이에 에너지가 공명하여 전달되는 겁니다.

푀르스터의 이론은 많은 과학자에게 영감을 주었습니다. 이후 다양한 연구자들이 푀르스터의 이론을 보완하고 확장해 나가면서 광합성에서의 에너지 전달 경로를 추적했죠.

하지만 여전히 의문은 남았습니다. FRET이 일어나려면 색소 사이 거리가 1~10나노미터로 매우 가까워야 합니다. 나노미터는 10억분의 1미터로, 머리카락 굵기의 10만분의 1 정도 거리입니다. 이 거리를 넘어서면 FRET의 효율은 급격히 떨어지죠.

그런데 일부 실험에서는 색소 사이 거리가 수십 나노미터 이상으로 꽤 멀리 떨어져 있었습니다. 신기한 점은 그럼에도 여전히 에너지 전달이 놀라울 정도로 빠르게 일어났다는 것입니다. 푀르스터의 이론은 가까운 거리의 에너지 전달은 잘 설명했지만, 먼 거리에서 일어나는 현상은 설명하지 못했어요.

이제 또다시 새로운 이론이 등장할 때가 되었습니다.

해 볼 만큼 해 본 과학자들은 점차 기존 고전 물리학의 한계를 직감했습니다. 색소들 사이 에너지 전달이 너무나 빠르고 효율적이어서, 우리가 모르는 뭔가 다른 원리가 작동하고 있는 게 분명했거든요.

그들은 조심스럽게 양자역학의 문을 두드리고 있었습니다.

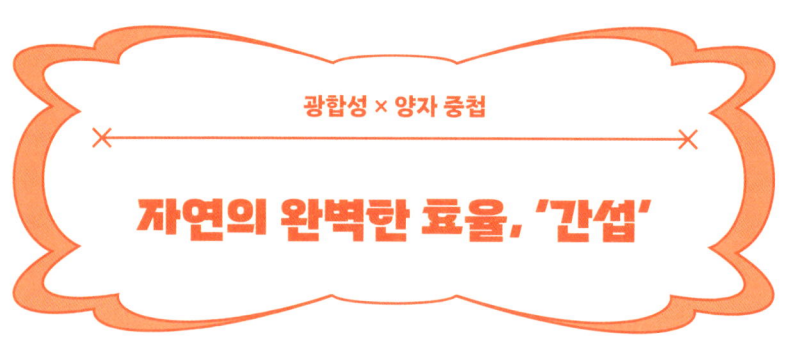

자연의 완벽한 효율, '간섭'

광계에서 색소의 에너지 전달 문제는 사실 속도보다 '경로' 문제였습니다. 빛 에너지가 가능한 여러 경로 가운데 최적의 경로를 찾아 전달되어야만 1조분의 1초라는 시간을 맞출 수 있었거든요.

그런데 이건 좀 이상한 얘기입니다. 마치 빛이 지능을 가지고 있어서 "음, 이 길이 제일 빠르겠군!" 하고 스스로 최적의 경로를 찾는다는 말이거든요. 아무리 양자역학이라도 이건 좀 억지 같지 않나요?

2007년, UC버클리대학의 그레이엄 플레밍 교수 연구팀이 이 놀라운 수수께끼를 풀었습니다.[*] 마치 지능을 갖고 움직이는 듯 작동하는 빛의 신비로운 실체를 밝혀낸 거죠. 이 논문으로 플레밍 교수는 생명과학의 새로운 분야, '양자생물학'의 개척자가 되었습니다.

플레밍은 광합성 색소에서 빛 에너지가 단순히 공명하거나 튕기면서 전달되는 방식으로는 이 엄청난 속도를 설명할 수 없다고 판단했습니다. 그래서 양자역학의 핵심 원리인 '중첩'과 '간섭interference'을 활용한다는 가설을 세웠죠.

그는 초고속 펄스 레이저를 색소에 아주 짧은 시간 동안 쪼이면서 반응 시간과 에너지를 측정했습니다.** 그리고 놀라운 현상을 발견했습니다. 색소에 도착한 에너지가 하나의 길만 따라가지 않고, 여러 경로를 동시에 따라가고 있던 겁니다!

여기서 잠깐, '중첩'이 뭔지 쉽게 설명해 볼게요. 앞서 슈뢰딩거의 고양이 이야기를 기억하시나요? 고양이가 상자 안에서 살아 있는 동시에 죽은 상태로 존재한다는 바로 그 '중첩' 말입니다.

학교에서 집으로 가는 길이 세 가지가 있다고 상상해 봅시

---

* 공교롭게도 UC버클리대학은 캘빈이 탄소 동위원소를 이용해 캘빈 회로를 발견한 대학이기도 합니다.

** 이 연구에는 성균관대학교 고故 안태규 교수도 참여했습니다. 이 논문의 공동 저자로 이름을 올린 안 교수는 식물의 빛 에너지 연구를 태양광 패널 분야로 확장하며 국내 태양광 연구 발전에도 큰 발자취를 남겼습니다. 글을 쓰던 2025년 6월 초, 궁금한 점이 있어 교수님께 메일을 드렸지만 답장을 받지 못했습니다. 몇 주 뒤 성균관대학 에너지과학과에 연락해서 확인해 보니, 안타깝게도 6월 말 떠나셨다는 부고를 전해 들었습니다.

다. A는 큰길로 가는 길, B는 공원을 지나가는 길, C는 골목길입니다. 일반적으로는 우리는 한 번에 하나의 길만 갈 수 있죠. 길 A를 가려면 길 B와 C는 포기해야 합니다. 마치 슈뢰딩거의 고양이가 살아 있든지 죽어 있든지 둘 중 하나인 것처럼 말이죠.

그런데 양자 세계에서는 다릅니다. 마치 고양이가 살아 있으면서 동시에 죽어 있듯이, 여러분도 분신술을 써서 세 명이 동시에 길 A, B, C를 걷는 겁니다. 이게 바로 '중첩 상태'입니다. 광합성의 빛 에너지도 마찬가지입니다. 여러 색소를 거쳐 반응 중심으로 가는 경로가 여러 개인데, 에너지가 그 모든 경로를 동시에 따라가는 거죠.

그렇다면 간섭은 뭘까요? 세 길을 동시에 걷던 여러분의 분신들이 집 앞에 도착했다고 해 봅시다. 여기서 신기한 일이 벌어집니다. 수영장에 돌을 두 개 던지면 물결이 만나는 지점이 생기죠? 어떤 곳은 물결이 더 높아지고(보강 간섭), 어떤 곳은 물결이 서로 상쇄되어 잔잔해집니다(상쇄 간섭). 양자 세계에서도 비슷한 일이 일어납니다.

여러 경로를 동시에 따라온 에너지들이 반응 중심에서 만나면 서로 리듬이 맞지 않는 경로들(위상이 어긋난 경로)은 서로 상쇄되어 사라지고, 리듬이 딱 맞는 경로(위상이 정렬된 경로)만 강화되어 살아남습니다. 결과적으로 가장 효율적인 경로만 자동으로 선택되는 겁니다!

정리하자면, 광합성의 빛 에너지는 중첩 상태로 모든 가능한 경로를 동시에 따라갑니다. 그런 다음 간섭 과정에서 비효율적인 경로들은 서로 상쇄되어 사라지고, 가장 효율적인 경로만 강화됩니다. 마치 모든 경로를 미리 시험해 본 것처럼, 자동으로 최적의 경로가 선택되는 거죠.

자연은 이걸 양자역학으로, 그것도 1조분의 1초 만에 해냅니다. 양자 중첩과 간섭 덕분에, 광합성의 에너지 전달은 거의 완벽에 가까운 효율로 이루어집니다. 자연은 우리가 상상했던 것보다 훨씬 더 영리했던 겁니다.

이중슬릿으로 보는 간섭무늬

동시에 여러 경로를 따라 이동한다니, 그뿐 아니라 다른 경로는 '알아서' 소멸한다니. 이 현상을 어떻게 이해해야 할까요? 사실 길 찾기 비유만으로는 뭔가 부족하고 느낄 수 있습니다.

다행히 이 놀라운 현상을 직접 눈으로 확인한 실험이 있습니다. 물리학을 바꾼 10가지 실험을 꼽을 때 반드시 들어가는 매우 중요한 실험이죠. 바로 '이중슬릿 실험'입니다. 원래 영국의 물리학자 토머스 영이 빛의 파동성을 설명하고자 제안한 실험이지만, 양자역학에서는 입자의 파동성을 설명하는 데 자주 쓰입니다. 이전 장의 '전자 법정'에서도 전자가 A, B 양쪽 창을 동시에 통과하는 파동성을 보여 주었습니다.

이번에는 이중슬릿에 빛을 비춰 봅시다. 빛도 하나의 입자처럼 행동할 때가 있는데 이를 광자라고 합니다. 빛의 세기를 아주 약하게 하면 광자가 하나씩만 나오게 할 수 있습니다. 이 광자 하나가 이중슬릿을 통과하게 하는 거죠. 고전적으로 생각하면, 덩어리인 광자는 슬릿 A나 슬릿 B 가운데 하나의 경로만 지나가야 합니다. 마치 우리가 두 개의 문 가운데 하나만 선택해서 들어가듯이 말이죠. 그런데 실험 결과는 우리 직관을 완전히 벗어났습니다. 광자를 하나씩 천천히 쏘았는데도 뒤쪽 스크린에 파동이 만들어 내는 간섭무늬인 여러 개의 줄무늬가 나타났기 때문입니다.

만약 광자가 두 슬릿 중 하나만 골라 통과했다면 어떻게 될까요? 시간이 지나 여러 광자가 쌓이면 위쪽 그림처럼 무늬가 두 줄만 만들어져야 합니다. A 슬릿을 통과한 광자들이 만든 줄 하나, B 슬릿을 통과한 광자들이 만든 줄 하나. 이게 상식적이죠.

하지만 실험 결과는 아래 그림처럼 여러 개의 밝고 어두운 줄무늬가 만들어졌습니다. 이런 간섭무늬는 파동이 동시에 둘 이상의 경로를 이동하며 서로 만나 간섭할 때만 나타납니다.

그렇다면 결론은 하나입니다. 광자 하나가 두 개의 슬릿 앞에서 A와 B를 동시에 통과했다는 겁니다. 그리고 자기 자신과

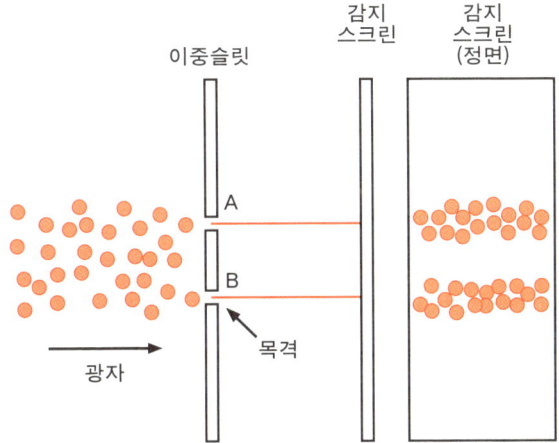

두 슬릿 가운데 하나를 통과하면
스크린에는 두 줄이 선명하게 만들어진다.

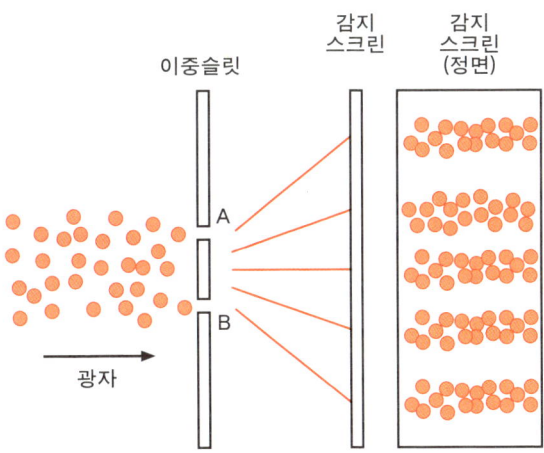

두 슬릿을 동시에 통과해서 스스로 간섭하면
스크린에 여러 개의 간섭무늬가 만들어진다.

간섭해서 스크린에 간섭무늬를 만들었다는 뜻이죠. 앞서 설명한 세 갈래 길을 동시에 걷는 분신술과 똑같습니다. 양자역학에서는 이런 상태를 슬릿 A, B를 동시에 통과하는 '중첩된 상태'로 존재한다고 설명합니다.

이 실험은 우리에게 놀라운 사실을 알려 줍니다. 전자가 고전적으로 생각하는 것처럼 하나의 정해진 길만 가는 게 아니라, 모든 가능한 경로에 동시에 존재하며 그 중첩된 상태에서 스스로 간섭한다는 사실을요.

아래 그림을 보면, 곳곳에 광자가 찍히지 않은 어두운 곳들이 있습니다. 이 부분들은 파동이 간섭으로 소멸되어 전자가 도달하지 않는 곳입니다. 바로 앞서 설명했던 '상쇄 간섭'이 일어난 곳이죠. 리듬이 맞지 않는 경로들이 서로 상쇄되어 사라진 겁니다.

이제 광합성으로 돌아가 봅시다. 광합성에서 빛 에너지도 이중슬릿 실험 속 광자처럼 행동합니다. 여러 색소를 거쳐 반응 중심으로 가는 모든 가능한 경로를 동시에 따라가고, 간섭으로 가장 효율적인 경로만 남깁니다. 1조분의 1초라는 놀라운 속도의 비밀이 바로 여기에 있던 겁니다.

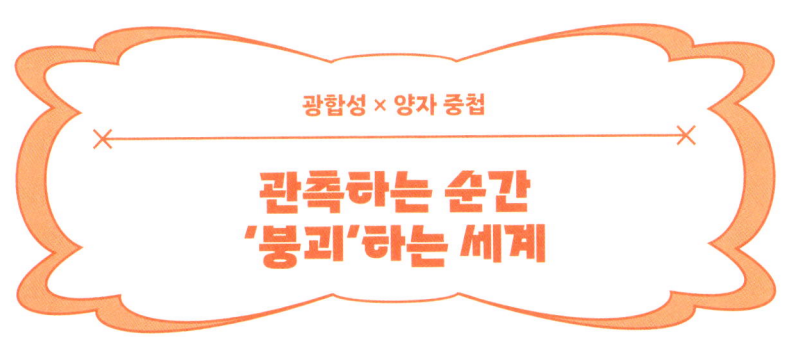

광합성 × 양자 중첩

관측하는 순간
'붕괴'타는 세계

이제 한 가지 질문이 생깁니다. "광자가 슬릿 A와 B를 동시에 지나간다면, 그걸 직접 보면 어떻게 될까?" 과학자들도 궁금했습니다. 그래서 두 슬릿 가운데 어느 쪽으로 광자가 지나는지 관찰하는 장치를 설치해 봤죠. 놀랍게도 그 순간 간섭무늬는 사라졌습니다. 스크린에는 마치 고전 물리에서 예측한 것처럼, 두 개의 줄이 선명하게 나타났습니다. 다시 말해, 광자가 슬릿 A 또는 B 둘 중 하나만을 통과한 모양을 보인 겁니다.

　무슨 일이 벌어진 걸까요?

　이 현상은 양자역학에서 매우 중요하게 다루는 개념인 중첩 상태의 '붕괴'를 보여 줍니다. 광자는 원래 슬릿 A와 B를 동시에 통과하는 중첩 상태에 있었지만, 우리가 그 경로를 관찰하는 순간 중첩은 사라지고 광자는 오직 한 경로만을 선택한 상태로 바뀌어 버립니다. 마치 자연이 '우리가 보고 있다'는 사실을 인식하고, 그에 맞춰 현실을 고정시키는 듯 보이기도 하죠.

이것이 양자 관측의 역설입니다. 관측 전까지 광자는 모든 가능한 경로를 동시에 따릅니다. 하지만 관측이 이루어지는 순간, 이 중첩된 가능성들은 하나의 현실로 '붕괴'합니다. 더 이상 여러 경로를 동시에 가지 않으며, 간섭무늬도 나타나지 않죠.

조금 섬뜩하지 않나요? 관측은 단순히 정보를 알아내는 행위가 아니라, 입자의 양자 상태 자체를 바꾸는 능동적 사건입니다. 이것이 고전 물리와 양자 물리의 가장 큰 차이점 가운데 하나입니다.

고전 세계에서는 간단합니다. 사물은 이미 특정 상태를 가지고 있고, 우리는 그것을 알아보기만 하면 됩니다. 책상 위에 놓인 사과는 우리가 보든 말든 그 자리에 있죠. 달은 우리가 보지 않을 때도 하늘에 있습니다.

하지만 양자 세계에서는 다릅니다. 사물은 관측되기 전까지는 여러 상태로 동시에 존재합니다. 그리고 관측되는 순간에만 하나로 결정됩니다.

‖ 다시 슈뢰딩거 고양이 ‖

양자역학에서 중첩과 붕괴는 단지 실험실 속 입자에서 끝나지 않습니다. 오스트리아의 물리학자 에르빈 슈뢰딩거는 이 개념을 일상 세계에 확장하면 얼마나 이상한 결과가 나오는지를 보여주고자 1935년 '슈뢰딩거의 고양이'라는 사고실험을 고안했습니다.

앞서 양자역학 토크쇼에서 만났던 고양이를 기억하시나요? 이제 중첩과 붕괴 개념을 배웠으니, 고양이의 상황을 더 정확하게 이해할 수 있습니다.

생각해 봅시다. 밀폐된 상자 안에 방사성 원자가 있습니다. 이 원자는 일정 확률로 쪼개질 수 있는데, 만약 쪼개지면 장치가 작동해서 독극물이 든 유리병이 깨지고 고양이는 죽습니다. 쪼개지지 않으면 고양이는 살아 있죠.

여기가 핵심입니다. 양자역학에 따르면 이 방사성 원자는 '쪼개진 상태'와 '쪼개지지 않은 상태'가 동시에 존재합니다. 앞서 배운 중첩 상태죠. 그렇다면 같은 공간에 있는 고양이도 '살아 있음'과 '죽어 있음'이 동시에 존재하는 중첩 상태인 셈입니다. 다시 말해, 우리가 상자를 열어 확인하기 전까지 고양이는 살아 있는 동시에 죽어 있는 겁니다. 마치 세 갈래 길을 동시에 걷던 분신처럼, 이중슬릿을 동시에 통과하던 광자처럼 말이죠.

그리고 상자를 여는 순간? 중첩 상태는 사라지고 고양이는 살아 있거나 죽었거나 딱 하나의 상태로 결정됩니다. 이게 바로 앞서 배운 '붕괴'입니다. 여러 갈래 길을 동시에 걷던 분신이 하나로 합쳐지듯이, 동시에 존재하던 가능성들이 하나의 현실로 결정되는 거죠.

이 말은 매우 황당하게 들리지만, 직관과 경험의 유혹을 뿌리치고 양자역학의 논리를 끝까지 밀어붙이면 자연스럽게 도출되는 결론입니다. 슈뢰딩거는 사실 이 사고실험으로 '이건 말이 안 되지 않느냐?'고 비판하고자 했습니다. 미시 세계(입자 수준)에서만 중첩이 성립하고, 거시 세계(고양이 수준)에서는 불가능해지는 경계가 있어야 하지 않느냐는 의문을 제기한 거죠.

이 상상 속 고양이 학대 사건은 사실 아인슈타인과 슈뢰딩거가 양자역학을 비판하기 위해 편지를 주고받다가 만들어졌습니다. 대여섯 번 편지로 신나게 양자역학을 비판하던 두 사람은 급기야 살아 있는 생물을 이용한 사고실험을 만들어 냈어요. 당시 동물 보호 단체가 있었다면 독극물에 살해될 위험이 50퍼센트인 고양이를 살려 내라고 성명을 발표했을지도 모릅니다.

이중슬릿 실험, 슈뢰딩거 고양이는 모두 같은 이야기를 합니다. 양자 세계에서는 아직 결정되지 않은 여러 가능성이 존재하고, 관찰이라는 행위가 여러 가능성 가운데 하나를 선택하도록 만든다는 것을요.

이런 방식은 우리가 일상에서 경험하는 세계와는 완전히 다릅니다. 하지만 현대 물리학은 이 양자적인 움직임이 우주의 가장 기본적인 작동 방식이라고 말합니다.

이런 원리는 광합성에서도 핵심 역할을 합니다. 빛 에너지는 색소들 사이를 이리저리 튀어 다니는 게 아닙니다. 가능한 모든 경로를 동시에 따라가고, 중첩과 간섭으로 스스로 최적의 경로만 남기고 나머지는 사라지게 만듭니다.

이것이 생명체가 빛을 활용하는 놀라운 방식입니다.

양자 컴퓨터의 빠른 계산 비결

우리는 이중슬릿 실험에서 전자가 동시에 두 개의 길을 지나간다는 양자 중첩이라는 상식을 깨는 개념을 마주쳤습니다. 그리고 슈뢰딩거의 고양이가 살아 있으면서 동시에 죽은 상태로 존재한다고 상상해 보면서 양자 세계가 얼마나 독특한지를 엿보았어요.

그런데 양자 중첩은 도대체 어디에 쓰일까요? 이 기술을 어디에 활용할 수 있을까요? 양자 중첩과 간섭 같은 '기이한' 성질을 실제 기술에 활용한다면 무슨 일이 벌어질까요? 그 놀라운 가능성 가운데 하나가 바로 양자 컴퓨터^{quantum computer}입니다.

우리가 일상에서 사용하는 컴퓨터를 양자 컴퓨터와 구분하기 위해 '고전 컴퓨터'라고 부르겠습니다. 고전 컴퓨터라고 하니 매우 오래된 것처럼 느껴지지만, 단순히 양자 중첩이나 붕괴 같은 양자역학 개념으로 설명하지 않는 컴퓨터라고 생각하면 됩니다. 사실 고전 컴퓨터의 많은 부품에도 양자역학 원리가 적용됩니다. 속도도 매우 빨라서 우리는 충분히 만족하며 쓰고 있고, 앞으로도 그럴 겁니다.

고전 컴퓨터는 비트[bit]라는 기본 단위를 사용해서, 0과 1이라는 두 가지 상태로 정보를 표현합니다. 모든 계산은 이 비트들의 조합으로 이루어지죠. 예를 들어 '1010'은 네 개의 비트가 특정 상태에 있는 셈입니다. 1과 0은 회로에 전류가 흐르는 것과 흐르지 않는 것으로 구분하기 때문에 구조가 비교적 단순하며, 빠른 신호를 보내면 성능이 충분히 좋습니다.

하지만 문제가 있습니다. 고전 컴퓨터는 한 번에 하나의 상태만 계산할 수 있습니다. 만약 어떤 문제를 푸는 데 수많은 경우의 수를 따져 봐야 한다면, 고전 컴퓨터는 그 경우의 수를 하나하나 순서대로 계산해야 하죠.

예를 들어 볼까요? 자물쇠의 비밀번호가 네 자리 숫자 (0000~9999)라면 고전 컴퓨터는 최악의 경우 1만 가지 조합을 전부 시험해 봐야 합니다. 계산이 빠르다고 해도 꽤 비효율적인 방식이죠.

양자 컴퓨터는 여기서 완전히 다른 계산 방식을 사용합니다. 핵심은 '큐비트^{qubit}'라는 양자 정보 단위에 있습니다.

큐비트는 0 혹은 1 하나를 가지는 비트와 달리, 0과 1의 상태가 동시에 존재할 수 있는 중첩된 상태를 가집니다. 예를 들어, 하나의 큐비트는 0이거나 1이 아니라, 0이면서 동시에 1인 상태일 수 있죠. 마치 슈뢰딩거의 고양이가 살아 있으면서 죽어 있는 것처럼 말입니다.

큐비트가 두 개가 되면 고전 컴퓨터는 '00', '01', '10', '11' 가운데 하나의 상태를 계산하지만, 양자 컴퓨터는 네 가지 상태를 동시에 계산합니다. 큐비트가 세 개가 되면 2^3=8가지, 네 개면 2^4=16가지. 큐비트 수가 n개일 때 동시에 처리할 수 있는 상태 수는 2^n개로 기하급수적으로 증가합니다!

30개의 큐비트를 가진 양자 컴퓨터는 약 10억 개의 상태를 동시에 포함하는 중첩 상태를 만들어서 계산할 수 있고, 100개의 큐비트를 가진다면 지구상의 모든 컴퓨터를 다 모아도 따라갈 수 없을 정도로 어마어마한 계산 능력을 갖습니다.

하지만 동시에 여러 상태를 가진다고 해서 그냥 정답이 뚝 떨어지는 건 아닙니다. 양자 컴퓨터는 특이한 방식으로 계산을 합니다.

확률을 높이는 경로를 따라

첫 번째는 양자 중첩입니다. 앞에서 이 개념을 다루었습니다. 양자 중첩에 따르면 큐비트는 여러 상태를 동시에 가질 수 있습니다. 고전적으로는 0 아니면 1, 둘 중 하나여야 했던 정보가 이제는 0과 1이 동시에 존재하는 상태가 되는 거죠. 쉽게 말하면, 중첩은 계산을 한꺼번에 시도하게 만듭니다. 미로에서 자신과 같은 분신을 여러 명 만들어서 가능한 모든 길을 동시에 시도해 보는 것과 비슷합니다.

두 번째는 양자 간섭입니다. 중첩된 수많은 가능성 가운데 우리가 원하는 정답만 선택하고, 나머지 오답은 사라지게 만들어야 합니다. 이때 양자 간섭을 사용합니다. 큐비트는 파동처럼 행동하는데, 양자 컴퓨터는 이 파동의 성질을 계산에 이용합니다. 물결이 만나면 어떤 곳은 더 높아지고(보강 간섭), 어떤 곳은 평평해지죠(상쇄 간섭). 양자 컴퓨터는 반복적인 설정으로 보강되는 파동을 점점 늘려 정답의 확률을 높입니다.

이외에도 양자 얽힘이라는 개념을 사용하기도 합니다. 이 개념은 5장에서 배웁니다. 이 글에서는 중첩과 간섭을 주로 다루겠습니다.

원리는 대략 이런데 이 원리를 어떻게 계산에 활용하는지 도무지 상상이 가지 않죠? 유명한 물리학자도 설명하기 곤란

했는지 여러 비유를 사용했습니다. 리처드 파인먼이 대표적인 경우죠. 파인먼은 양자 중첩과 간섭 원리를 이용해서 미로의 길을 찾는 과정을 경로적분이라는 방법으로 설명했는데 아래와 같습니다.

"입자는 실제로 이 모든 경로를 동시에 탐색(중첩)하며, 각 경로의 확률 진폭을 계산하고, 이들이 서로 간섭하여 최종적으로 관찰될 확률을 결정합니다."

그러고는 학생들이 잘 알아듣지 못하자 이런 말을 합니다.

"입자가 최소 작용 경로를 스스로 선택하는 것이 아니라, 주변의 모든 경로를 '냄새' 맡는 것처럼 느끼고 가장 가능성이 높은 경로를 선택합니다."[1]

입자가 냄새를 맡다니! 그것도 노벨상을 수상한 최고의 물리학자란 양반이 이런 형편없는 비유를 하다니. 꽤 괜찮은 비유를 기대한 여러분은 아마 실망하셨을 겁니다. 물리학의 대가도 별수가 없었던 모양입니다. 그런데 이건 약과입니다.

휴 에버렛 3세라는 물리학자는 SF 같은 해석으로 주변을 놀라게 했습니다. 그는 이렇게 말했죠.

"이것은 관측 가능한 모든 결과가 각각 독립된 세계(우주)에서 일어난다고 봅니다. 즉, 고양이가 죽은 상태와 살아 있는 상태가 동시에 존재하며, 관측이 이루어질 때 우주가 쪼개져서 각각의 상태가 존재하는 다른 세계로 나뉜다는 것입니다."

이것을 '다세계^{many worlds interpretation} 해석'이라고 합니다. 고양이가 살아 있는 우주와 죽은 우주가 동시에 존재한다는 해석이죠. 듣기만 해도 가슴이 웅장해지는 해석입니다. 아직 놀라기엔 이릅니다. 놀랍게도 이 다세계 해석은 비유가 아니라 실제 이론입니다. 과학자들은 실제 다중 우주가 존재한다고 주장합니다. 심지어 매우 진지하게요. 현대 이론물리학자들은 양자역학 개념을 우주론으로 확장하고 있습니다.

콘서트장에서 김철수 찾기

중첩과 간섭을 계산에 활용한다는 것은 받아들일 수 있을 듯한데, 어떻게 활용하는지는 도무지 감이 잡히지 않습니다. 그래서 말도 안 되는 물리학자들의 비유와는 다른, '우주'보다는 스케일이 작지만 '냄새'보다는 좀 더 현실적인 비유를 해 보겠습니다.

만 명이 모인 콘서트장에서 '김철수'를 찾아야 한다고 상상해 봅시다. 우리는 단지 그 사람의 이름이 김철수라는 것만 알고 있죠. 고전 컴퓨터는 한 명씩 다가가서 "혹시 김철수 씨세요?"라고 물어봅니다. 운이 나쁘면 9,999명에게 물어본 끝에 마지막 사람이 김철수일 수 있습니다.

양자 컴퓨터는 다릅니다. 먼저 마이크를 들고 콘서트장 전체에 "김철수 씨 계세요?" 하고 외칩니다. 이 순간, 모든 사람이 동시에 '내가 김철수일 수도 있고 아닐 수도 있는' 중첩 상태가 됩니다. 모든 가능성이 동시에 존재하는 상황입니다. 잠시 후 김철수 본인만 자신이 김철수라는 걸 알고 손을 듭니다. 다른 9,999명은 손을 들지 않죠. 양자 컴퓨터는 김철수만 손을 들게 하는 오라클^{oracle}이라는 알고리즘을 사용합니다. 이 알고리즘은 정답 후보 가운데 조건을 만족하는 상태만을 식별하고, 그 상태의 파동 위상을 반전시키는 역할을 합니다.

이제는 파동의 위상이 반전된 위치를 찾아야겠죠. 사람은 손 든 김철수를 바로 볼 수 있겠지만, 양자 컴퓨터는 파동의 간섭 현상을 여러 번 반복하여 김철수의 신호를 점점 뚜렷하게 만드는 방식으로 그를 찾아냅니다. 이 과정은 콘서트장에 동시에 빛을 비추는 것과 비슷합니다. 빛을 비추면 김철수만 손을 들었기 때문에 그곳에만 반사된 밝기가 약간 달라집니다. 이 과정을 여러 번 거치면 김철수의 자리는 점점 밝아지고(보강),

다른 자리는 점점 어두워집니다(상쇄). 이러한 간섭 과정으로 원하는 정답의 확률을 높이면서 정답을 알아냅니다.

이 비유는 어떤가요? 뭔가 좀 감이 오시나요? 이 과정에는 양자 중첩과 간섭, 그리고 양자 컴퓨터가 사용하는 알고리즘이 포함되어 있습니다. 정답 후보만 점점 눈에 띄게 하고, 나머지는 흐리게 하여 정답을 찾는 방식은 양자 간섭을 이용한 진폭 증폭amplitude amplification과 평균 반전inversion about the mean 과정을 거치며, 이 전체 과정을 그로버 알고리즘grover's algorithm이라고 부릅니다. 위에서 언급한 오라클 알고리즘도 그로버 알고리즘 안에 포함됩니다.

복잡하고 기괴한 양자 컴퓨터. 그 원리를 설명하기 위해 내로라하는 물리학자들도 말도 안 되는 비유를 사용했습니다. 사실 물리학자들이 이런 비유를 사용하는 데는 나름의 이유가 있습니다. 양자 현상은 일상에서 경험할 수 있는 직관적인 현상이 아닙니다. 따라서 일상적인 현상과 일대일로 맞아떨어지지 않습니다. 연결 관계가 모호한 것이죠. 김철수 찾기 비유 또한 양자 컴퓨터의 원리를 설명하는 데 연결 관계가 부족한 말도 안 되는 비유입니다. 그럼에도 개념의 언저리까지만이라도 접근하기 위해 오류를 무시하고 비유로 어렴풋하게나마 설명해 보았어요. 좀 더 수준 높은 이해를 위해서는 사실 살짝 어려운 수학적 접근이 필요합니다. 이 책의 부록에 양자 컴퓨터를 잘 이해할 수 있는 몇 권의 참고 도서를 소개해 둘 테니 양자 컴퓨터의 유혹에 빠질 마음의 준비가 되신 분들은 참고하시기 바랍니다.

양자 컴퓨터의 핵심, 큐비트

양자역학을 공부하는 물리학 전공 학생들은 양자역학과 기상 천외한 입자의 행동을 접하고 처음에는 일상의 사물을 연상해서 이해하려고 합니다. 하지만 곧 포기하고 말죠. 일상의 사물은 거시 세계에 속하고, 양자 현상은 미시 세계에서만 일어나기 때문에, 연결 짓는 시도를 하는 순간 오개념을 얻고 맙니다. 그래서 그들은 현실 세계를 부정하고 오로지 추상적인 수학 방정식만 풀기 시작합니다. 그러다 보면 어느새 양자역학이 감이 잡히기 시작합니다. 양자역학을 수학으로만 믿으면 철저한 이해와 함께 새로운 세계관을 만들 수 있습니다. 그런데 수학으로만 이해하고 끝낼 수는 없죠. 양자 컴퓨터의 원리를 이해했다면, 실제로 동작하는지 실험해 봐야 합니다. 직접 양자 컴퓨터를 만들어 봐야 해요.

양자 컴퓨터의 핵심은 큐비트입니다. 큐비트는 단순한 숫자가 아니라, 실제 만들어야 하는 대상입니다. 큐비트 하나를 구현한다는 말은, 0이면서 1인 중첩 상태를 잘 유지하면서도 우리가 조작하고 읽을 수 있는 장치를 만든다는 뜻입니다. 문제는, 양자 상태는 굉장히 섬세하고 쉽게 깨진다는 점이죠. 과학자들은 큐비트를 만들기 위해 다양한 방법을 시도하고 있습니다.

가장 많이 쓰이는 방법 가운데 하나는 '초전도 큐비트'입니다. 전기가 저항 없이 흐를 수 있도록 만든 금속 회로를 영하 273도 가까운 온도에서 동작하게 하는 기술입니다. 구글과 IBM 같은 회사들이 주로 사용하는 방식이죠. 전자회로로 되어 있어 기존 컴퓨터와 비슷한 점도 있지만, 회로 안에서 일어나는 일은 전혀 다릅니다. 여기서는 전자들이 양자역학적으로 움직이며, 중첩된 상태를 만들어 냅니다. 이 방식은 빠르고 강력하지만, 온도를 엄청나게 낮게 유지해야 하기 때문에 커다란 냉각 장비가 필요합니다.

다음은 '이온 트랩 큐비트'입니다. 이온 트랩 큐비트는 전하를 띤 원자, 즉 이온을 공중에 띄워 레이저로 고정시키고 조작하는 방식이에요. 이온 하나하나를 매우 정밀하게 조절하고,

안정성이 뛰어나기에 에러도 적습니다. 하지만 큐비트 수를 늘리는 데에는 한계가 있습니다. 많은 수의 레이저를 각각 정교하게 조작해야 하니까요.

빛으로 만든 큐비트, 즉 '광자 큐비트'도 있습니다. 빛의 편광 방향이나 위상 같은 특성을 큐비트로 활용하는 방식이죠. 빛은 온도나 외부 환경에 영향을 덜 받아서 양자 통신, 즉 정보를 멀리 보내는 데는 아주 좋습니다. 하지만 이 빛으로 복잡한 계산을 하거나 큐비트끼리 상호작용하게 만드는 일은 아직 어렵습니다.

또 다른 방식은 전자의 스핀을 이용하는 '스핀 큐비트'입니다. 스핀은 5장에서 배우지만, 쉽게 설명하면 전자가 마치 회전하는 것처럼 보이는 전자 자체의 고유한 성질입니다. 이 스핀을 0과 1의 상태로 사용하는 것이죠. 이 방법은 실리콘 칩 안에서도 구현할 수 있어서, 특히 기존 반도체 기술과 이어질 수 있다는 장점이 있습니다.

이처럼 큐비트를 만드는 기술은 다양하며, 아직 어떤 방식이 최종 '승자'가 될지는 아무도 모릅니다. 현재는 서로 다른 기술들이 함께 연구되고 있으며, 상황에 따라 서로 협력하기도 하고 경쟁하기도 합니다.

소인수분해를 어려워하는 수학 천재?

2001년 IBM은 드디어 실험용 양자 프로세서로 양자 알고리즘을 실행했다고 발표했습니다.[*] 실리콘 핵자기공명^{Nuclear Magnetic Resonance; NMR}을 이용한 큐비트를 만든 것이죠. 과학자들은 난리가 났어요. 인류가 드디어 양자역학을 활용한 양자 컴퓨터를 만들었다면서 흥분했습니다. 당시 수천억 달러가 투자된 고귀한 양자 컴퓨터에 IBM은 이런 계산을 부탁합니다.

IBM "15를 소인수분해 해줘! 플리즈."
양자 컴퓨터 "3×5입니다. 저 대단하죠? 주인님."

이때 양자 컴퓨터의 성능은 7큐비트 수준이었습니다. 7큐비트면 2^7=128개의 양자 중첩 상태를 가지니, 꽤 성능이 좋았죠. 그런데 고작 15를 소인수분해 한다고?

11년이 지난 2012년에 IBM은 광자 기반으로 성능을 향상한 양자 컴퓨터를 내놓았습니다. 이번에는 이런 계산을 부탁합니다.

---

[*] 초기 실험용 또는 증명용 프로세서로 현재의 큐비트 방식과는 달라서 최초의 양자 컴퓨터가 아니라고 주장하는 과학자도 있습니다.

IBM　"21을 소인수분해 해줘! 좀 어려울 거야."

양자 컴퓨터　"3×7입니다. 좀 힘들었어요. 주인님."

2019년에는 매우 어려운 문제를 냅니다.

IBM　"미안해, 혹시 35를 소인수분해 할 수 있겠어?"

양자 컴퓨터　"4×7? 아닌데, 5×9? 아, 머릿속에 잡생각이 많아요. 주인님."

　결국 여러 번 계산을 부탁했지만 양자 컴퓨터는 신뢰할 만한 정답을 내놓지 못했습니다.[*] 이런 양자 컴퓨터에 우리 미래를 믿고 맡길 수 있을까요?

　양자 컴퓨터는 나름 억울할 만도 합니다. 최근 IBM은 큐비트가 1,000개가 넘는 양자 컴퓨터를 개발했다고 발표했지만 계산의 정확도는 그리 높지 않습니다. 큐비트가 많다고 꼭 계산을 잘하지는 않기 때문입니다. 양자 컴퓨터의 큐비트는 크게 두 종류가 있습니다.

　먼저 실제 장비에서 구현한 물리 큐비트입니다. 일종의 하

---

[*]　소인수분해 알고리즘으로 35를 소인수분해 하려고 실행했지만, 오차와 잡음 때문에 이상적인 성공은 하지 못했습니다. 하지만 일부 실행 결과를 종합하여 절반의 성공으로 해석하는 과학자도 있습니다.

CES 2018에서 전시된
IBM의 50개 큐비트 양자 컴퓨터

드웨어적 큐비트죠. 그런데 물리 큐비트는 매우 민감해서 주변 온도, 전자기파, 먼지, 바람, 심지어 실망하는 연구원의 한숨 소리에도 반응합니다. 중첩 상태가 쉽게 흐트러지고, 에러도 자주 발생합니다.

그래서 양자 컴퓨터의 성능은 논리 큐비트, 즉 계산에 실제로 사용할 수 있는 안정적인 큐비트 개수가 좌우합니다. 오류가 적고, 상태가 오래 지속되고, 믿을 만한 계산이 가능한 큐비트죠. 문제는 논리 큐비트 하나를 만들려면 물리 큐비트 수백

개가 필요하다는 점입니다. 큐비트 A가 0이어야 하는데 갑자기 1이 되어 버리면 주변 큐비트 B, C, D의 정보로 큐비트 A를 복구해 주는 식입니다. 이를 양자 오류 수정이라고 합니다.

최근 IBM이 1,000개, 구글이 70개 큐비트를 만들었다고는 하지만 계산이 가능한 논리 큐비트가 몇 개인지는 불분명합니다. 이 와중에 2019년 구글이 양자 컴퓨터가 일부 계산에서는 고전 컴퓨터를 넘어섰다면서 '양자 우월성'을 주장했는데, 경쟁자인 IBM은 이를 못 미더워하는 형국입니다.

현재로서 양자 컴퓨터는 마치 수학 천재이긴 한데 심각하게 산만한 ADHD 학생을 보는 것 같습니다. 수천 개의 가능성을 동시에 생각하는 총명함을 갖고 있지만, 35를 소인수분해하는 데는 대답을 망설이죠. 하루 종일 한 문제만 붙잡고 있는데, 그 문제는 비교적 단순한 문제입니다. 담임 선생님은 끈질긴 인내로 이 녀석에게 이렇게 말합니다.

"넌 언젠가 대단한 인물이 될 거야."

‖ 양자 컴퓨터와 함께하는 미래 ‖

양자 컴퓨터의 실용화가 쉽지 않다는 점은 알았습니다. 그런데 정말 양자 컴퓨터가 상용화된다면 이 녀석은 어디에 쓰일까요? 우리가 마트에서 물건 값을 계산하는 데 양자 컴퓨터를 이용하면 얼마나 더 빨라질까요?

미래에도 마트에서는 고전적인 컴퓨터를 쓸 겁니다. 양자 컴퓨터는 단순 계산에 있어서는 고전 컴퓨터의 편리함을 이길 수 없거든요. 한편 양자 컴퓨터는 아직 초기 단계이지만, 미래에는 엄청난 가능성을 품고 있습니다. 그 가능성은 단지 빠른 계산을 넘어서, 지금까지 불가능하다고 여겨지던 문제들을 해결할 수 있다는 데 있죠.

현재 우리가 사용하는 인터넷 암호는 어떤 수를 소인수분해 하기 어렵다는 수학적 원리에 기반합니다. 하지만 양자 컴퓨터는 양자 중첩을 이용해서 암호를 빠르게 해독할 수 있습니다. 현재의 보안 시스템이 양자 시대에는 통하지 않게 된다는 의미죠.

새로운 약을 만들기 위해서는 분자 간 복잡한 상호작용을 시뮬레이션해야 합니다. 양자 컴퓨터는 복잡한 분자 구조를 정확하게 계산할 수 있어서, 신약 개발 속도를 혁신적으로 끌어올릴 전망입니다.

현재 날씨를 예보하려면 수많은 지역의 온도, 습도, 기압 같은 기상 요소를 포함하는 미분 방정식을 풀어내야 합니다. 이 계산은 지금도 슈퍼컴퓨터라고 불리는 아주 빠른 고전 컴퓨터를 이용하죠. 그럼에도 기상청은 매일 욕을 먹습니다. 기후는 수많은 변수가 동시에 영향을 주고받는 복잡한 시스템이기 때문이죠. 이 변수들을 동시에 계산함으로써 양자 컴퓨터는 훨씬 정밀하고 정확한 예측을 해낼 겁니다.

이처럼 양자 컴퓨터는 데이터가 매우 많아서 처리하는 시간이 너무 길거나, 변수 간 관계가 매우 복잡하여 시도조차 할 수 없던 문제를 해결할 가능성을 열어 줍니다. 따라서 현재보다는 미래에 더 주목받는 특수 목적 계산기가 될 겁니다.

양자 컴퓨터는 단순히 더 빠른 컴퓨터가 아닙니다. 완전히 다른 방식으로 계산하고 문제를 해결하는, 새로운 개념의 계산기죠. 우리가 고전적으로 수학 문제를 한 줄 한 줄 따라 푸는 방식이 '순차적 사고'라면, 양자 컴퓨터는 수많은 풀이법을 동시에 던져 보고 가장 가능성 높은 답 하나만을 추려 내는 방식입니다.

이것이 가능한 이유는 양자 중첩, 간섭, 얽힘이라는 개념이 작동하기 때문입니다. 양자 컴퓨터가 상용화되는 데는 오랜 시간이 걸릴 것으로 예상되지만, 언젠가 우리가 사용하는 스마트폰에도 '큐비트'가 들어가는 날이 올지 모릅니다.

4.
붕괴해야 할 별이 아직도 빛나고 있다면?

별을 보존하는
양자역학

연극
"불확정성 : 양자역학으로의 초대"

[장면 1. 연구소]

하이젠베르크 "전 전자의 위치를 완벽하게 측정하려 했습니다! 하지만 보는 순간… 얼마나 빠른지 속도를 측정할 수 없어졌습니다. 이건 자연이 정보를 숨기는 겁니다! 저는 그 진실을 밝히고 싶습니다!"

순간 보어가 자리에서 천천히 일어난다.

보어 "하이젠베르크. 이건 자연의 규칙이다. 너는 아직 그 진

보어와 하이젠베르크

실의 무게를 감당하지 못해."

하이젠베르크는 혼란스러운 얼굴로 보어를 쳐다본다.

보어 "하이젠베르크! 그래도 알고 싶은가?"

하이젠베르크는 고개를 끄덕인다. 보어는 손바닥을 펼쳐 두 개의 작은 알약을 보여 준다.

보어 "파란 알약을 먹으면 너는 원래의 세계로 돌아갈 수 있다. '정확한 측정이 가능하다'는 익숙한 믿음 속에서 살아가겠지. 하지만… 빨간 알약을 먹으면, 자연의 진짜 모습을 보게 될 것이다. 그때부터는 되돌아갈 수 없어."

하이젠베르크는 떨리는 손으로 빨간 알약을 집었다.

보어 "좋다. 이제 알약을 삼켜라. 전자가 진짜 어떻게 존재하는지… 보여 주마."

[장면 2. 양자 실험실]

하이젠베르크카 눈을 뜨자 방안에 모니터 하나가 보인다.

보어 "여기가 자연의 진짜 표정을 엿볼 수 있는 곳이다. 하지만 명심해라. 우리는 전자를 '보는' 게 아니라, 전자가 남긴 흔적으로 존재 방식을 읽는 것이다."

보어가 측정 장비를 켠다. 스피커에서는 미세한 잡음이 들리고, 모니터에는 확률 분포 그래프가 천천히 나타난다. 그래프는 한 점이 아니라 '퍼진 형태'로 깜빡인다.

하이젠베르크 "저건… 위치가 아니라 확률 분포 아닙니까? 전자는 도대체 어디에 있는 것입니까?"

보어 "전자는 우리 눈으로 볼 수 있는 궤도를 그리지 않는다. 그 대신 이런 패턴만 남기지.

여기 이 퍼짐이 전자가 어디 있을 수 있는지를 말해 주는 것이다."

이번에는 그래프가 좁아지며 위치가 상대적으로 선명해지지만, 옆의 모니터에 표시된 '운동량 분포 그래프'가 거칠고 넓게 퍼진다.

하이젠베르크 "위치를 더 정확히 보면… 운동량 그러니까 속도가 불확실해지는군요."

보어 "그렇다. 그리고 속도를 정밀하게 측정하면, 이제 위치 그래프가 넓게 퍼져 버리지.

우리는 전자를 직접 볼 수 없지만, 이 '두 그래프의 줄다리기'가 전자의 본성을 말해 주지."

하이젠베르크 "…둘 다를 동시에 정확히 알 수 없다, 자연의 규칙이 정작 이런 건가요? 이것이 진실인가요?"

보어는 조용히 고개를 끄덕인다. 하이젠베르크는 절망하며 고개를 떨군다.

[장면 3. 아인슈타인의 등장]

실험실 문이 열리고 아인슈타인이 박수를 치며 들어온다.

아인슈타인 "훌륭한 거짓말! 흥미롭군…. 그래프만으로 자연의 본성을 말하다니. 하지만 기억하게, 자연은 분명하고 확정적이어야 하네. 신은 주사위 놀이를 하지 않는다네."

보어 "아인슈타인…. 신이 무엇을 하는지는 우리가 정할 수 없습니다."

하이젠베르크는 두 사람을 번갈아 바라본다. 화면 속 그래프는 여전히 위치와 운동량이 서로 다른 모양으로 흔들리고 있다.

하이젠베르크 "…그럼 이건 대체 어떻게 이해해야 하는 걸까요?"

보어와 아인슈타인의 논쟁

아인슈타인 "의심하게."

보어 "믿어야 하네."

하이젠베르크는 두 사람의 반대되는 조언을 동시에 들으며 잠시 멍하니 그래프를 바라본다.

하이젠베르크 "전 저만의 방식으로 이 혼돈을 정리하겠습니다."

보어는 미소 짓고, 아인슈타인은 어깨를 으쓱한다.

보어 "환영하네, 양자역학의 세계로 들어온 것을…."

그 순간, 모니터 속 그래프가 하나의 밝은 빛으로 번쩍이며 사라진다.

실험실의 소음도, 아인슈타인의 웃음소리도 점점 멀어진다.

[장면 4. 깨어남]

조명이 천천히 어두워졌다가 다시 켜진다.

하이젠베르크는 숨을 헐떡이며 침대 위에서 벌떡 일어난다.

방 안은 고요하고, 창밖에서는 새벽의 희미한 빛이 들어온다.

하이젠베르크 "…꿈이었나?"

그는 잠시 손을 내려다본다. 손에는 아무것도 없다. 탁자 위에는 메모지가 한 장 놓여 있다. 하이젠베르크는 무심코 연필을 들어 그 위에 식 하나를 적기 시작한다.

$$\Delta x \cdot \Delta p \geq \frac{\hbar}{2}^{*}$$

하이젠베르크 "자연은… 숨기는 게 아니라, 그렇게 존재하는 건지도 모르겠군."

조명이 천천히 어두워진다.

---

[*] 위치$_\perp$를 정확히 알수록 운동량$_\perp$은 더 불확실해지며, 두 불확실성의 곱은 항상 $\frac{\hbar}{2}$보다 작아질 수 없다는 뜻입니다. '불확정성 원리'라고 불리며 뒤에서 자세히 살펴봅니다.

보이지 않는 별이 있다

1.

1884년 독일 쾨니히스베르크 천문대. 어느 겨울, 천문학자 프리드리히 베셀*은 밤하늘에 밝게 빛나는 시리우스**와 프로키온***을 관측하고 있었습니다. 시리우스는 하늘에 보이는 별 가운데 태양을 제외하고는 가장 밝은 별이고, 프로키온 또한 여

---

*　천왕성 바깥에 행성(해왕성)이 있음을 예언하기도 했습니다. 양자역학에서는 해왕성 궤도 발견보다는 슈뢰딩거 방정식 문제를 풀 때 사용하는 베셀함수를 만든 사람으로 더 유명합니다.

**　큰개자리의 알파별로 지구에서 8.5광년 정도 떨어진 가까운 별입니다. 알파별은 특정 별자리에서 가장 밝게 빛나는 별을 말합니다.

***　작은개자리의 알파별로 지구에서 11광년 떨어져 있습니다.

덟 번째로 밝은 별입니다. 그래서 이 두 별은 이미 천문학자들이 수십 년 동안 위치를 관측해서 기록해 두었습니다. 베셀은 그날 밤 시리우스의 위치를 기록하면서 석연치 않은 점을 눈치챘습니다. 그동안 기록된 자료를 검토하다 보니 시리우스가 주기적으로 흔들리고 있다는 사실을 알아챈 것이죠. 놀라운 점은 프로키온도 비슷한 경향성을 보였다는 점이었습니다. 베셀은 의심스러운 눈빛으로 대기의 굴절, 기기의 편차 같은 오차를 지워 가면서 정밀하게 다시 수치들을 들여다보았습니다. 보다 못한 그의 조수가 한마디 거들었습니다.

"선생님 또다시 관측 기기를 점검해야 할까요?"

"아니야, 이건 두 별 주변에 뭔가 보이지 않는 무거운 별이 있는 것 같아."

베셀은 시리우스가 쌍성이라고 생각했습니다. 쌍성은 서로 마주 보면서 회전하는 두 별로, 밤하늘의 별 가운데 절반 이상이 쌍성입니다. 베셀은 시리우스 주변에 질량이 큰 다른 별이 있어서 시리우스의 위치가 진동하는 듯 보이는 것이라고 가정했습니다. 프로키온도 마찬가지라고 생각했죠. 그래서 관측된 별을 시리우스 A라고 하고 아직 발견되지 않았지만 분명 존재한다고 생각되는 별, 시리우스 B가 있다고 주장했습니다.

문제는 아무리 관측해도 시리우스 B를 발견할 수 없다는 점이었어요. 베셀은 대신 관측 자료를 좀 더 연구하기로 했습니다.

그리고 보이지 않는 동반성 시리우스 B의 질량은 대략 태양 정도이며, 공전 주기는 50년 정도일 것이라고 밝혀냈습니다.

그런데 베셀의 논문을 읽은 동료들은 고개를 갸웃거리면서 베셀에게 물었습니다.

"아니 질량이 태양 정도면 꽤 큰 천체인데 아직까지 발견되지 않았다고?"

"혹시 시리우스 A가 너무 밝아서 눈부심 때문에 B가 가려져서 보이지 않는 것은 아닐까?"

베셀은 동료들의 조언을 고려해서 둘 사이 거리가 좀 더 멀어질 때까지 기다려 보기로 했습니다. * 하지만 아쉽게도 2년 뒤 베셀은 조수에게 짧은 메모를 남기고 숨을 거두고 맙니다.

"눈부심이 사라지면 시리우스 B를 반드시 찾아보라. 생각보다 어두울 것이다."

2.

1862년, 대서양 건너 미국 매사추세츠주 케임브리지포트. 망원경 제작자이던 아버지의 사업을 이어받은 앨번 그레이엄 클라크는 마침 지름이 47센티미터에 달하는 미국에서 가장 큰 굴절 망원경을 시험하고 있었습니다. 클라크는 대물렌즈를 매사

---

* 두 별은 가까울 때 태양과 지구 거리의 8배, 멀 때는 30배까지 벌어집니다.

추세츠의 차가운 밤하늘에서 가장 밝게 빛나는 시리우스로 향하게 했습니다. 그러고는 접안렌즈에 눈을 가져다 댔습니다. 눈부신 시리우스 A가 접안렌즈 안에 들어왔습니다. 시리우스 A 주변을 살피던 클라크는 전에는 보이지 않던 작은 별 하나가 힘겹게 빛나는 모습을 보았습니다. 그는 바로 아버지를 불러서 이 별이 무엇인지 물어봤습니다.

"시리우스 주변에 이런 별이 있었나?"

아버지와 아들은 시리우스 옆, 아주 작은 별의 존재에 시큰둥해하면서도 뭔가 석연치 않은 기분이 들었습니다. 아들 클라크는 바로 책을 뒤적거리다가 문득 한 사람을 떠올렸습니다.

"그래 베셀!"

클라크가 본 별은 베셀이 그토록 찾고 싶어 하던 시리우스 B였습니다.

시리우스 B가 발견되었다는 소식은 전 세계로 빠르게 퍼졌습니다. 사람들은 이 별을 연구하기 시작했어요. 그런데 관측하면 할수록 이상한 점이 한두 가지가 아니었습니다. 일단 별이 생각보다 너무 어두웠습니다. 별에서 오는 빛을 분석했더니 별의 표면 온도가 매우 뜨거운 데 반해 밝기는 그만큼 밝지 않았죠. 천문학자들은 이런 별이 어떻게 존재할 수 있는지 이해할 수 없었습니다.

이상한 점은 이뿐만이 아니었습니다. 분명 베셀이 철저히

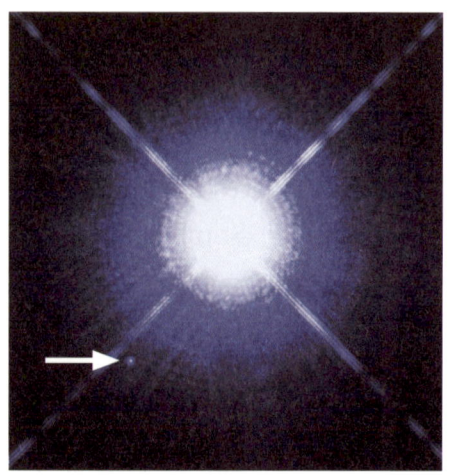

시리우스 A와 화살표가 가리키는 시리우스 B

계산하여 질량이 태양만 하다고 밝혀냈는데, 밝기만 보면 크기가 지구 정도밖에 되지 않았습니다. 그러니 태양 질량을 지구 부피에 꽉꽉 눌러 넣은 셈이었습니다. 그렇다면 표면의 중력이 보통 별보다 수십만에서 수백만 배나 큰 엄청 단단한 별이어야 했습니다. 이러한 천체는 이전에는 전혀 발견된 적이 없었습니다.

다행히 1896년 베셀이 예측한 프로키온 B가 발견되고, 1910년 하버드대학의 연구자들도 비슷한 천체인 40 에리다니 B를 발견하면서 동료가 생겨났습니다. 친구가 생기니 사람들은 이 셋을 묶어서 분류하려고 했습니다. 뜨겁지만 어두우며,

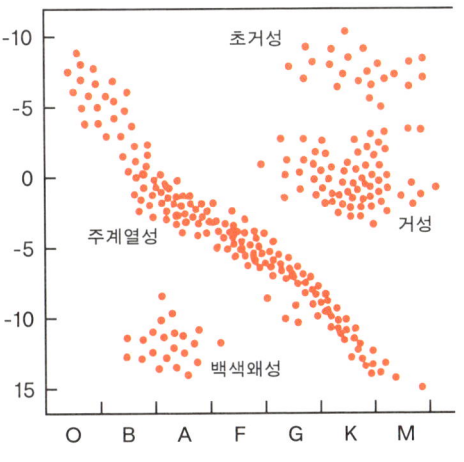

별을 분류하는 표에서 백색왜성의 위치

작지만 밀도는 매우 큰 별. 과학자들은 별을 분류하는 표*에서 주류별(주계열성)과 분리된 동떨어진 구석에 이 별들을 던져두고 '백색왜성white dwarf'**이라고 이름을 붙여 버렸습니다.

3.

시리우스 B는 작고 어두우면서 매우 무거운 별이었습니다. 보통 별은 기체로 되어 있으며, 기체가 핵융합 반응을 하면서 빛

---

* 　헤르츠스프룽-러셀 도표, 줄여서 H-R 도표라고도 부릅니다.

** 　'하얀 난쟁이'라는 의미입니다.

을 냅니다. 그런데 시리우스 B는 태양급 몸무게에 크기는 지구만 했으니 핵융합은 고사하고 기체를 그 작은 공간에 욱여넣을 수도 없었습니다. 당연히 고전 물리학의 도구들은 이 문제를 해결하지 못했습니다. 당시 천문학자들은 시리우스 B를 눈앞에서 보면서도 중력이 너무 강해서 바로 붕괴해 버릴 것이라고 악담할 수밖에 없었습니다.

1920년대 초 영국의 천문학자 아서 에딩턴은 시리우스 B의 중력에 의심을 품었습니다.

"표면 중력이 이렇게 큰 것이 맞아? 그렇다면 별에서 나온 빛이 조금 달라야 하는데…."

에딩턴은 백색왜성처럼 작고 무거운 별이라면 표면에서 빛이 중력을 이기고 빠져나오기 힘들다고 생각했습니다. 그래서 빠져나온 빛들이 에너지를 잃으면서 스펙트럼이 적색으로 이동해야 한다고 예상했습니다. 에딩턴은 일식을 촬영해서 아인슈타인의 일반 상대성 이론을 증명한 물리학자로, 강력한 중력에 따른 일반 상대론적 효과가 백색왜성에서도 나타나야 한다고 생각했습니다. 몇 년 후 에딩턴의 예측은 정확히 맞아떨어졌습니다. 이제 백색왜성은 이상한 별이 아니라 정식으로 별의 한 종류로 인정받았습니다.

그런데 한 가지 문제점이 있었습니다. 앞서 말한 것처럼, 밀도가 비정상적으로 크면 별은 자신의 중력을 이기지 못하고 붕괴합니다. 그런데 이렇게 크기가 유지되는 이유를 설명할 방법이 없던 것입니다. 백색왜성이 붕괴하지 않는 이유를 찾는 일은 당시 천문학계의 커다란 숙제와도 같았습니다. 천문학자들은 학회에서 만날 때마다 서로의 안부를 물으면서 백색왜성의 안부도 같이 물어보게 되었습니다.

"아직도 붕괴하지 않았지?"

4.

천문학자들은 백색왜성이 비정상적인 별이라는 사실은 받아들였지만 이 별이 존재하는 이유에 관한 연구는 지지부진했습니다. 1920년대 중반이 되어서 양자역학 이론이 천문학 분야에 스며들 때쯤, 이 연구는 물꼬를 트기 시작했습니다.

백색왜성의 표면 중력은 상상을 초월할 정도로 컸습니다. 고전 물리학의 중력 이론으로는 백색왜성이 바로 붕괴해야 했습니다. 그런데 버젓이 오늘도 빛나고 있죠. 물리학자들은 이렇게 좁은 공간에 물질이 모이면 어떻게 될지 상상하기 시작했습니다. 원자와 원자도 가까워져야 하며, 원자 안의 전자들도 서로 거의 붙다시피 모여 있어야 했습니다. 물리학자들은 전자가 서로 얼마나 가까이 있을 수 있는지 고민했습니다. 원자 내부에서 이런 상황은 전자들이 같은 에너지 상태, 즉 같은 양자 상태로 존재할 수 있는지를 의미합니다.

1925년 물리학자 볼프강 파울리는 같은 양자 상태에 동일한 두 개의 전자가 있을 수 없다는 사실을 밝혀냅니다. 이를 배타 원리exclusion principle라고 합니다. 배타 원리에 따르면 전자는 같은 양자 상태에 있을 수 없으므로 나머지 전자들은 강제로 더 큰 에너지를 가진 다른 양자 상태로 옮겨 갑니다. 가뜩이나 공간도 비좁은데 위층으로 내쫓긴 전자들은 더 빠르게 움직이며 서로 밀어내는 압력을 만들어 냅니다.

1926년 랠프 파울러는 이를 전자 축퇴압electron degeneracy pressure이라고 이름 붙였습니다. 전자들이 낮은 에너지부터 순서대로 꽉꽉 채워지다 보니 서로 밖으로 밀어내는 압력이 생겨나며, 이 압력이 안으로 쪼그라드는 중력과 평형을 이루어 백색왜성이 붕괴하지 않고 유지된다고 생각한 것이었죠. 이 이론은 답답했던 백색왜성 연구에 돌파구를 마련해 주었습니다.

뒤이어 1931년 인도 출신 천문학자 수브라마니안 찬드라세카르*가 전자 축퇴압에 상대론적 효과까지 고려하여 백색왜성이 버틸 수 있는 최대 질량을 계산하였습니다. 이 한계를 찬드라세카르 한계Chandrasekhar limit라고 부르는데, 천문학에서는 아주 중요한 수치입니다. 이 한계는 태양 질량의 1.4배 정도로, 이보다 무거워지면 백색왜성은 원자핵과 전자가 붕괴하여 중

* 랠프 파울러의 제자입니다.

성자로만 이루어진 중성자별이 됩니다. 중성자별도 버티지 못할 정도로 중력이 커져 버리면 우리가 잘 아는 블랙홀이 됩니다. 이 연구로 그는 1983년 노벨물리학상을 수상합니다.

참으로 이상한 별이었던 시리우스 B의 비밀은 이렇게 풀렸습니다. 세상에 없던 백색왜성이라는 새로운 별의 분류 기준도 만들어 냈습니다. 그제야 천문학자들은 여유 있게 백색왜성 내부를 들여다보았습니다. 그리고 양자역학으로 축퇴압의 크기를 계산할 수 있으리라고 생각했죠. 그런데 어려운 수식을 써가면서 본격적으로 축퇴압 크기를 계산하던 천문학자들은 의외로 간단하게 이 크기를 구하는 방법을 알아냈습니다. 이 원리는 단순하지만 양자역학의 근본을 관통하는 핵심을 담고 있었습니다. 바로 '불확정성 원리^{uncertainty principle}'입니다.

위치와 운동량의
제로섬 게임

고기 내부에 얇은 온도계를 찔러서 스테이크가 잘 익었는지 온도를 측정한다고 생각해 봅시다. 이 온도계로 고기 내부 온도를 정확하게 측정할 수 있을까요?

측정이라는 과정은 근본적으로 상호작용이 필요합니다. 측정 대상과 온도계가 열평형을 이루고 난 후에 온도계의 숫자를 읽으니까요. 고기와 온도계가 만나면 고기의 온도는 상대적으로 차가운 온도계와 만나 약간 내려가고, 온도계의 온도는 뜨거운 고기와 만나 올라갑니다. 둘이 평형을 이뤄 같은 온도가 되면 우리는 이 온도를 고기의 온도라고 어림잡고 사용합니다. 즉 온도계를 꼽기 전과 꼽은 후 고기의 온도는 완벽하게 같지

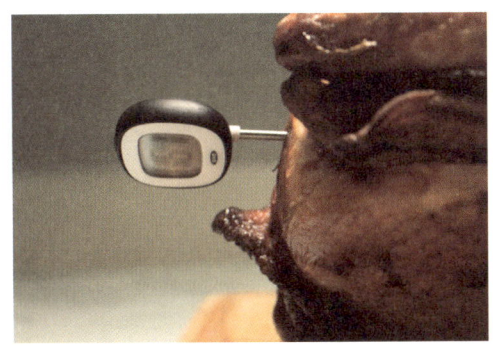

고기 내부 온도 측정

않습니다. 온도계를 꽂으면서 이미 고기의 온도는 조금이라도 변한다는 말입니다. 측정이라는 상호작용이 대상의 상태를 바꾸는 것이죠. 물론 온도계보다 고깃덩어리가 매우 크기 때문에 상대적으로 온도 변화가 크지 않아서 고기의 온도를 비교적 잘 측정할 수 있습니다.

하지만 양자 세계에서는 좀 다릅니다. 양자역학은 원자 내부에서 일어나는 일을 설명하는 이론입니다. 매우 작은 세상에서 일어나는 일이죠. 이런 공간에서는 측정을 위해 상호작용이 일어나는 순간 측정 대상이 쉽게 교란되어 버립니다. 따라서 원천적으로 정확한 측정 자체에 한계가 존재합니다.

예를 들어 봅시다. 빛을 비춰서 양자역학의 주요 측정 대상인 전자가 어느 방향으로 운동하는지 알아본다고 생각해 보죠.

빛을 비춰 관측하는 것은 빛 입자인 광자가 전자와 충돌한 후 눈으로 들어오는 과정을 거칩니다. 그런데 전자는 매우 작기 때문에 빛을 비추면 전자와 광자가 충돌하면서 전자의 방향이나 속력이 제멋대로 바뀌어 버립니다. 마치 어두운 방에서 굴러가는 테니스공 하나에 골프공 여러 개를 던진 후, 맞고 돌아오는 골프공을 분석해서 테니스공의 운동을 알아내는 것과 비슷합니다. 골프공에 맞은 테니스공은 이미 초기에 움직이던 방향과 다른 방향으로 가고 있겠죠. 즉 관측하는 행동 자체가 대상의 상태를 왜곡시켜 버려요. 그래서 빛을 비춰서는 전자의 이동 방향을 제대로 측정할 수 없습니다.

어쩌면 미래에 기술이 발전해서 더 작고, 가볍고, 빠르게 측정할 수 있는 측정 장치가 만들어지면 이런 문제는 해결될 것이라고 생각할지도 모릅니다. 고깃덩어리의 온도를 측정할 때 머리카락보다 더 얇은 온도계로 측정하면 오차를 줄일 수 있겠죠. 전자의 속력을 측정할 때도 아주 느리고 에너지가 매우 적은 빛을 비추는 장치를 이용하면 충돌해도 전자에 영향을 덜 주어 거의 정확한 측정이 가능할지도 모릅니다.

하지만 두 경우는 확연히 다릅니다. 고깃덩어리의 온도 측정 같은 고전적인 세계에서는 온도계를 충분히 작게 쓰면 측정에 따른 교란을 거의 0으로 줄일 수 있지만, 양자 세계에서는 아무리 이상적인 측정기를 써도 교란을 0으로 만들 수 없고 한계가 존재합니다. 그리고 이 규칙은 측정 장치의 기술적 한계가 아닌 자연의 구조 때문에 나타나는 현상입니다.

‖ 동시에 정확한 측정 불가 ‖

DSLR 카메라*가 보급되던 시기에 '여친 렌즈'라는 별명을 가진 렌즈가 있었습니다. 이 렌즈로 사진을 찍으면 여친은 선명하게 나오고 배경은 아주 흐릿하게 뭉개졌습니다. 여친을 돋보이게 만들어 주어 수많은 남친에게 인기가 많았죠. 가끔 초점을 잘 못 맞춰서 배경에 초점을 맞추면 반대로 여친이 뭉개지는 대참사가 일어나기도 했습니다. 이 렌즈로는 여친과 배경을 둘 다 선명하게 촬영할 수 없었습니다.**

비슷한 상황이 양자 세계에서도 일어납니다. 불확정성 원리에서는 여친과 배경이 아닌 위치와 운동량을 동시에 정확히 알기 어렵다고 얘기합니다. 그것도 둘의 표준편차 곱이 특정한 값 이상이어야 한다고 최솟값까지 정해 두었습니다. 위치를 정

---

* 디지털 일안 반사식^Digital Single-Lens Reflex 카메라의 줄임말로 렌즈를 교환할 수 있는 커다란 카메라를 말합니다.
** 물론 ND 필터 같은 것을 끼워 빛의 양을 줄이면 가능할 수도 있지만 밝은 한낮에는 불가능합니다.

확히 측정하려고 해도 그 오차가 특정 값 이하로는 불가능하다는 말이기도 하면서 두 표준편차의 곱이 특정 값보다 커야 한다는 뜻이므로, 위치를 정확하게 측정하면 반대로 운동량의 측정 오차가 확 늘어나서 운동량의 불확실성이 더 커진다는 말이죠. 여친에게 완벽하게 초점을 맞추는 데도 한계가 있지만 더 나아가서 여친에게 초점을 최대한 맞춘다면 배경은 포기하라는 말과 같습니다. 결국 불확정성 원리가 맞는다면 우리는 위치와 운동량을 둘 다 정확하게 측정할 수 없으며, 위치와 운동량 가운데 한쪽을 정확히 측정할수록 다른 하나의 물리량은 오차가 매우 커진다는 의미입니다.

좀 더 구체적인 예시를 들어 보겠습니다. 빛을 비춰서 전자의 위치와 운동량을 측정하는 앞선 예시를 생각해 봅시다. 운동량은 질량과 속도의 곱인데, 질량은 변하지 않으므로 속도를 측정한다고 생각하면 조금 쉽습니다. 어쨌든 광자가 전자와 충돌할 때 전자의 운동을 방해하지 않도록 에너지가 아주 작은 빛을 비춘다고 합시다. 이 빛은 전자와 충돌해서 우리에게 돌아오지만 에너지가 작아서 전자의 운동에는 거의 영향을 주지 않습니다. 이러면 전자의 위치와 운동량을 정확히 측정할 수 있는 듯 보입니다. 그런데 이때 에너지가 작은 빛은 파장이 길어서 물체의 위치 오차를 크게 만듭니다. 그렇다고 파장이 짧은 빛을 쏘면 에너지가 커져서 전자와 강하게 충돌하므로 운동

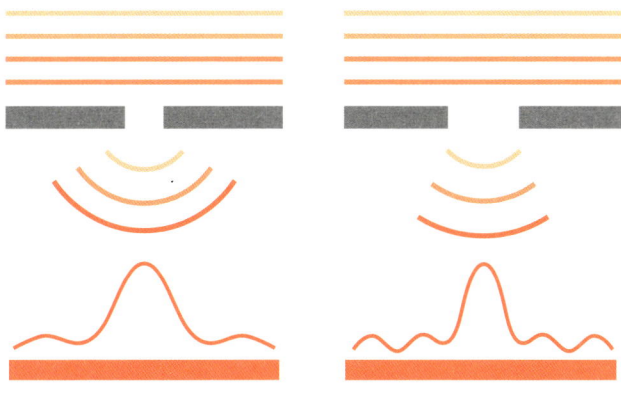

슬릿 너비에 따른 파도의 회절

량의 오차가 커집니다. 결국 위치와 운동량 오차를 동시에 줄이기는 불가능해 보입니다. 불확정성 원리가 성립하는 것이죠.

위의 예시는 측정 자체가 대상을 교란하는 경우를 보여 주며, 불확정성 원리가 측정의 교란과 연관되어 있다는 점을 생각해 보게 합니다. 그런데 불확정성 원리는 관측 도구의 한계가 아닌 자연 구조 때문에 나타나는 원리입니다.

단일 슬릿에 빛을 비추는 회절의 예시를 보면 좀 더 이해할 수 있습니다. 슬릿(틈)이 좁으면 빛이 어느 곳으로 통과하는지 알 수 있어서 위치 정확도가 높아지지만, 회절이 커지면서 입자들이 더 넓게 퍼지기 때문에 운동량의 불확정성은 더 커집니다. 반대로 퍼지는 정도를 줄이기 위해 슬릿을 넓히면 어느 곳으로 통과했는지 알 수 없어서 위치의 불확정성이 커집니다. 결국 위치와 운동량을 동시에 정확히 측정할 수 없죠. 이런 현상이 일어나는 이유는 회절이라는 자연 현상이 가진 근본적 특징 때문으로, 측정 기기의 성능과는 무관한 문제입니다.

붕괴하는 팀과
밀어내는 팀의 평형 상태

베셀은 시리우스 A의 궤도가 흔들릴 정도면 시리우스 B의 질량은 태양과 비슷할 것으로 추정했습니다. 그런데 시리우스 B의 밝기는 생각보다 매우 어두워 크기가 지구 정도라는 사실이 밝혀졌습니다. 따라서 지구 공간에 태양을 집어넣었다고 생각할 수 있고, 이는 마치 무게 1톤가량의 자동차를 각설탕 하나 크기로 압축하는 것과 비교할 수 있습니다. 조그만 각설탕의 무게가 1톤이라면 각설탕 내부는 얼마나 빡빡할까요?

계산에 의하면 원자와 원자 사이 거리는 수백만분의 1로 줄어들어 원자 안 전자까지도 매우 가까이 붙어 있게 됩니다. 이제 불확정성 원리가 등장합니다. 전자를 아주 좁은 공간에 몰아넣으면 전자의 위치 불확실성이 줄어들겠죠. 그에 따라 운동량의 불확실성이 늘어나면서 전자의 운동량이 커집니다. 운동량이 커진 전자 무리는 서로를 더 세게 밀어내면서 밖으로 팽창하는 압력을 만들어 냅니다. 이 밀어냄이 전자 축퇴압입니다.

좁은 공간에 몰린 전자는 불확정성 원리 때문에 운동량이 커지고, 파울리의 배타 원리에 따라 높은 에너지로 올라갑니다. 이 두 원리의 작용으로 강한 밀어냄이 발생하고 그 힘이 중력과 평형을 이루면서 백색왜성이 버티는 것입니다. 실제로 여러 백색왜성의 중력 크기와 계산된 축퇴압 세기는 비슷하게 잘 맞아떨어집니다.

‖ 법칙, 이론, 원리 ‖

만유인력 법칙, 상대성 이론, 불확정성 원리. 왜 서로 다른 이름을 붙이는 걸까요? 어떤 것은 법칙이고 어떤 것은 이론인데, 불확정성 원리는 왜 '원리'일까요? 혹시 이해하기 어려우면 원리라는 말을 붙이는 것은 아닐까요? 지금까지 설명을 들어 보면 왠지 그런 것 같기도 합니다.

원리는 현상들이 존재할 수밖에 없는 근본적인 근거를 의미합니다. 이론이나 법칙보다 더 근원적인 것, 즉 그럴 수밖에 없고 그래야만 하는 근본적 원칙입니다. 불확정성 원리도 양자역학 이론의 근본 원리 중 하나죠. 레고 블록을 조립하는 것으로 비유해 봅시다. '원리'는 레고의 핀 간격이나 쌓는 규칙처럼 바뀌지 않는 바탕입니다. 이 원리를 바탕으로 만들어지는 창의적인 조립 작품들이 바로 '이론'인 것이죠.

그래서 불확정성 원리는 근원적인 원칙을 담고 있습니다. 아무리 좋은 장비를 쓰더라도 어떤 한 쌍의 물리량 둘을 동시에 정확하게 알 수 없다는 원칙입니다. 여기서 한 쌍의 물리량이란 양자 세계에서 서로 연결되는 성질을 가진 두 양을 말합니다. 위치와 운동량, 에너지와 시간, 스핀, 각운동량 등이 해당합니다.

이처럼 특정한 두 물리량을 동시에 재려고 할 때, 각 물리량의 불확실성에는 최솟값이 존재하는데, 심지어 이 하한선이 자연 상수인 플랑크 상수로 정해져 있습니다. 누가 측정하든, 어떤 도구를 쓰든 넘어설 수 없는 한계죠. 물론 플랑크 상수는 너무 작은 값이라 일상에서는 불확정성 원리를 걱정하며 살지 않아도 됩니다.

그렇다면 왜 이런 한계가 생기는 것일까요? 양자 세계의 여러 물리량 가운데 일부는 서로 순서를 바꾸면 결과가 달라지는 관계를 갖습니다. 두 물리량 A와 B가 있을 때 물리량의 곱 AB

와 BA의 값이 같지 않은 경우를 비가환[*]이라고 부릅니다. 비 가환 관계에 놓인 두 물리량은 한쪽을 또렷하게 만들면 다른 쪽이 흐려지도록 구조적으로 얽혀 있습니다. 다시 말해 두 물리량이 동시에 또렷한 값을 갖는 공통의 상태가 원래부터 존재하지 않아요. 위치와 운동량은 서로에게 영향을 주는 비가환량이기 때문에 동시에 정확하게 측정할 수 없습니다.^{**} 앞서 비유한 여친 렌즈로 사진을 찍는 상황에서 여친과 배경은 비가환량이라고 볼 수 있습니다. 둘은 같은 시선 안에 있기 때문에 서로 연결되어 있으며, 동시에 선명해질 수 없는 구조적 한계가 존재하는 것이죠.

앞서 우리는 온도를 측정하는 행위가 측정 대상에 영향을 주는 상황으로 불확정성 원리를 비유했고, 빛을 비춰 전자의 운동량을 알아내는 방법을 테니스공과 골프공 예시에 빗대었습니다. 두 상황 모두 측정은 상호작용이기 때문에 대상을 교란시키므로 정확한 측정이란 원칙적으로 불가능하다고 얘기했습니다. 그런데 불확정성 원리는 측정 문제뿐만 아니라 비가환인 두 물리량의 표준편차의 곱에 자연이 정한 하한선이 있다는

---

[*] 교환이 가능하지 않다는 의미입니다.

^{**} 일상의 상황에서는 위치와 운동량이 둘 다 숫자로 주어져서 서로 바꿔 곱해도 값이 같지만, 양자 세계에서는 위치와 운동량이 수학의 행렬로 주어집니다. 따라서 바꿔 곱하면 값이 달라집니다.

내용까지 포함합니다. 즉 양자 세계에서는 동시에 다 가질 수 없는 정보의 조합이 있으며, 무엇을 더 정확히 볼지 선택할 순 있어도 둘 다 완벽하게 아는 것은 허용되지 않습니다. 이 선택은 우리가 던지는 질문, 즉 측정 방식에 의해 결정되고요.

불확정성 원리는 우리가 얻을 수 있는 정보의 형태와 한계, 측정이 상태에 미치는 본질적인 영향까지 한 문장으로 압축한 것입니다. 이 원리는 원자의 안정성부터 정밀계측, 정보과학에 이르기까지 양자 현상을 이해하는 데 매우 중요한 틀을 제공합니다.

300만 년에 1초 오차, 원자시계의 발명

인공위성이나 로켓을 만들고 발사할 때 우주과학자들은 뉴턴의 만유인력 '법칙'을 이용합니다. 블랙홀의 존재를 예측할 때 천문학자들은 아인슈타인의 일반 상대성 '이론'을 활용하고요. 그렇다면 하이젠베르크의 불확정성 '원리'는 어떻게 이용될까요?

법칙이나 이론이 아닌 '원리'는 말 그대로 근본적인 규칙이나 바탕, 기본이 되는 한계이기 때문에 이를 이용한 발견은 애초부터 말이 되지 않습니다. 그래서 불확정성 원리는 정확도의 한계를 정하거나 그 한계에 최대한 가깝게 다가가도록 설계하는 데 도움을 줍니다. 과학의 기초를 정하거나 기본을 다루는

데 기여하죠. 대표적으로 시간을 정밀하게 측정하는 기술에 불확정성 원리가 쓰입니다.

시간과 진동수의 불확정성

과거에는 시간을 측정할 때 주기적으로 반복되는 현상을 이용했습니다. 진자 운동이나 태양의 운동, 물방울이 떨어지는 간격 등을 이용했죠. 진자시계나 해시계, 물시계가 그 예시입니다. 과학이 발전하면서는 수정 결정에 전류를 흘렸을 때 발생하는 규칙적인 진동을 이용하는 전자시계가 스프링으로 작동하는 기계식 시계를 대신했습니다.

과학 이론이 정밀해지고 복잡해지면서 더 정확한 시간이 필요해졌을 때 물리학자들은 원자에서 그 답을 찾았습니다. 세슘·루비듐·스트론튬 같은 원자들은 특정한 두 에너지 준위 사이에 해당하는 빛을 비추면 흡수한 후 다시 방출하는데, 이때 방출한 빛의 고유한 진동수를 이용해서 시간을 측정하는 방식입니다. 이들 원자는 외부 환경의 영향을 거의 받지 않아 극도로 높은 정확도를 가집니다. 세슘-133 원자의 경우 1초에 91억 9263만 1,770번 진동하는 빛을 내놓아 국제단위계는 이 빛을 기준으로 정확한 1초를 정의합니다.

원자시계의 모습

오늘날 원자시계는 매우 정확하여 300만 년에 1초 정도 오차를 보인다고 합니다. 오스트랄로피테쿠스가 태어나 손목시계 초침을 맞추었다면 지금까지 단 1초만 어긋난 셈이죠. 이러한 정밀도는 원자와의 상호작용으로 만들어집니다. 먼저 과학자들은 전파를 낼 수 있는 발진기를 만들어서 1초에 91억 번 진동하는 전파를 원자에 보냅니다. 원자가 이 전파를 받았을 때 조금이라도 어긋나면 공명하지 않아서 전류 세기가 줄어듭니다. 그러면 발진기는 진동수를 약간 조정해서 전류가 세지는 공명 진동수를 찾아냅니다. 이 진동수가 정확한 시간을 의미합니다.

문제는 얼마나 자주 또는 오랫동안 원자와 시간을 동기화

192

하는가입니다. 아주 짧은 시간만 동기화하면 진동수가 정확히 맞는지 판단하기 힘들기 때문에, 최대한 오랫동안 원자와 시간을 맞춰 정확한 진동수를 얻어야 해요. 친구가 피아노로 '솔'을 치고 있는데 0.1초 동안만 들려주면 정확한 음을 잘 알 수 없지만, 5초 동안 계속 듣고 있으면 음을 정확히 알 수 있는 것과 같죠. 시간과 진동수(에너지)* 사이에는 불확정성 원리가 작용합니다. 불확정성 원리에 따라 진동수를 정확하게 측정하면 시간은 늘어납니다. 앞서 위치·운동량 사례에서는 둘 다 정확하게 측정하고 싶어도 동시에 두 물리량을 정확히 측정할 수 없는 아쉬운 상황이었지만, 지금 이 상황에서는 진동수만을 정확하게 측정하면 되므로 시간의 불확정성은 중요하지 않습니다. 오히려 시간이 길어지면 진동수의 정보를 더 잘 알 수 있습니다.

그런데 긴 시간이 주어지면 진동수를 한없이 정밀하게 측정할 수 있을까요? 불확정성 원리는 이때 측정의 한계를 알려줍니다. 시간과 진동수의 표준편차를 곱한 값에 최솟값이 존재한다고요. 두 물리량의 곱에 필연적으로 더 이상 줄일 수 없는 근본적 한계가 있는 것입니다. 여친 렌즈로 여친에게만 정확하게 초점을 맞추고 싶다면 배경이 한없이 흐려지는 것은 중요치 않습니다. 다만 여친의 얼굴에 얼마나 정확히 초점을 맞출 수

---

* 에너지는 진동수와 플랑크 상수의 곱으로 나타낼 수 있습니다. 따라서 에너지를 진동수로 두고 생각해도 됩니다.

있는지에는 카메라가 가진 구조적 한계가 따른다는 사실을 불확정성 원리가 알려 주는 셈이죠. 초점의 한곗값을 알고 있으면 남친은 이론적인 한계까지 초점을 잘 맞추도록 부단히 노력하겠죠? 원자시계를 개발하는 과학자들도 여러 난관을 헤쳐 가면서 양자역학이 정해 둔 한계까지 도전하는 측정 기술을 개발하고 있습니다.

왜 정확한 시간이 필요할까?

일상에서는 1초를 91억 번까지 나눠서 사용할 필요가 있을까 싶지만, 사실 이런 정밀한 시간은 절대 오버스펙이 아닙니다. 정밀한 시간을 정하지 못하면 사회적으로 삶이 매우 불편해질 수도 있고 사회가 혼란해질 수도 있습니다. 물론 손목시계의 1초 간격이 91억 번이어야 한다는 말은 아닙니다. 휴대폰을 이용해 유명한 가수의 콘서트를 예매하려고 한다고 상상해 봅시다. 수십만 명이 티켓 예매 개시 시간인 정각에 접속해서 동시에 예매 버튼을 누를 것입니다. 적어도 1초를 수만 번 나눠야 순서를 정할 수 있지 않을까요? 금융 거래는 규모가 더 큽니다. 예를 들어 주식 거래는 수백만 명의 사용자가 접속해서 주문하는 경우가 다반사입니다. 이 경우 거래 순서가 뒤바뀌면 거래

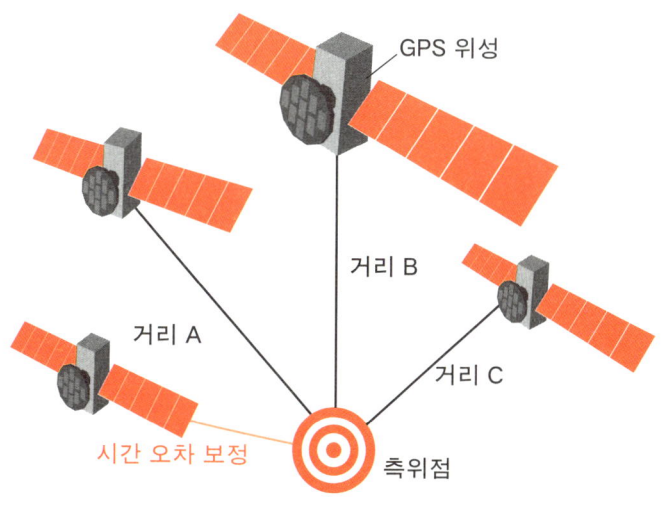

GPS 위성

거리 B

거리 A

거리 C

시간 오차 보정

측위점

GPS 위성의 위치 파악 기술

정보가 뒤죽박죽되어 사회적으로 엄청난 혼란이 생기겠죠.

정확한 시간이 제대로 필요한 곳은 따로 있습니다. 바로 GPS를 활용하는 위치 정보 파악 기술입니다. 30개 남짓의 GPS 위성에는 완벽하게 동기화된 원자시계가 탑재되어 있습니다. 각 위성은 지표로 위성 자신의 위치와 현재 시간 정보를 담은 전파를 지속적으로 뿌립니다. 위성에서 정보를 받은 지상의 수신기는 전파가 도달하는 데까지 걸린 시간을 계산해서 위성과의 거리를 계산합니다. 여러 위성과의 거리를 계산해서 이를 종합하면 드디어 현재 위치가 특정됩니다. 이때 만약 시간에 오차가 난다고 생각해 봅시다. 빛은 1초에 30만 킬로미터 이동하므로 시간이 0.000001초만 어긋나도 거리 오차는 300미터 정도가 됩니다. 이 정도 오차는 내비게이션에 의존하여 달리는 차를 고속도로가 아닌 바다로 안내할지도 모릅니다.

이외에도 정확한 시간은 통신망을 동기화하고 전력망을 안정화하면서, 일상의 평화로움을 유지하고 사회에 뜻하지 않은 혼란이 생기지 않도록 관리하는 데 중요한 역할을 합니다. 물론 이 기술의 근본에는 양자역학의 불확정성 원리가 담겨 있습니다.

우주의 속삭임을 듣는 중력파 측정

우리는 매일 불확실한 일을 경험합니다. 시험 점수가 어떻게 나올지, 지하철이 몇 분 뒤에 도착할지, 날씨가 어떻게 바뀔지 알 수 없는 순간이 많습니다. 그런데 이런 불확실함을 떠올리면 곧 '측정이 부정확하다'거나 '정보가 부족하다'고 생각하게 됩니다. 그러나 물리학자들이 말하는 불확정성 원리는 그런 의미가 아닙니다. 이 원리는 '자연 자체가 정확한 값을 동시에 알려 주지 않는 상황이 존재한다'는 매우 독특한 주장입니다.

그런데 우리는 왜 불확정성 원리를 일상에서는 거의 느끼지 않을까요? 이유는 간단합니다. 이 원리를 결정하는 플랑크 상수가 너무너무 작기 때문입니다. 얼마나 작냐 하면, 소수점

아래 0의 개수가 34개나 있을 정도입니다. 아마 이렇게 말해도 실감이 안 될 텐데, 유명한 물리학자 리처드 파인먼은 플랑크 상수의 스케일을 이렇게 비유했습니다.

"물방울은 분명 존재하지만, 태풍 한가운데에서는 그 움직임을 따로 구분할 수 없다."

파인먼은 캘리포니아 공과대학에서 진행한 양자전기역학 Quantum Electrodynamics; QED 강연 '물리 법칙의 특성'에서 양자 효과는 너무 작아서 큰 스케일에서는 평균화되어 사라진다고 설명하곤 했습니다.

또 매사추세츠 공과대학과 캘리포니아 공과대학의 양자역학 입문 강의에서 자주 사용하는 유명한 비유도 있습니다.

"플랑크 상수는 대양에 떨어진 소금 한 알이 바닷물의 맛을 바꾸지 못하는 것과 같다."

닐스 보어는 이렇게 설명하기도 했습니다.

"플랑크 상수가 너무 작다는 사실은 자연이 두 개의 무대를 가지고 있다는 뜻이다. 하나는 우리가 사는 고전적인 세계이고, 다른 하나는 불확정성이 지배하는 양자의 세계다."

플랑크 상수의 스케일이 이 정도이니 양자의 무대와 다른 일상의 무대에서는 우리가 플랑크 상수의 영향을 받지 않는 것이 당연합니다. 그렇다면 불확정성 원리는 플랑크 상수가 적용되는 세상에만 필요하고 정말 일상에서는 아무런 쓸모가 없을까요?

세상에는 극도로 작은 것을 다루거나 믿기 어려울 정도로 정밀한 측정을 해야 하는 분야들이 있습니다. 앞서 다룬 원자시계처럼 불확정성 원리는 이런 세심한 영역에서 우리와 많은 연관을 맺고 있습니다. 또 하나의 대표적인 예가 바로 중력파 관측입니다.

‖ 세상에서 가장 정밀한 측정 장치 ‖

중력파는 블랙홀이나 중성자별처럼 무거운 천체들이 움직이면서 만들어 내는 시공간의 '잔물결'입니다. 돌을 연못에 던지면 물결이 퍼져 나가듯, 우주에서도 거대한 충돌이나 폭발이 일어나면 공간 자체가 흔들립니다. 이 떨림이 바로 중력파입니다. 시공간이 왜곡되어 공간이 출렁이는 움직임이 지진처럼 우주 전체로 퍼져 나가죠.

문제는 이 떨림이 너무, 너무, 너무 작다는 것입니다. 지구에 도달할 때 중력파가 만드는 변화의 크기는 원자핵의 지름보다도 작습니다. 이 미세한 떨림을 측정하기 위해 과학자들은 4킬로미터나 되는 긴 팔을 가진 레이저 간섭계, 'LIGO^Laser Interferometer Gravitational-wave Observatory'를 만들었습니다.

중력파 측정 장치 LIGO

LIGO는 90도로 꺾인 4킬로미터 길이의 팔을 두 개 갖고 있습니다. 두 팔 끝에는 거울이 있어서 레이저를 쏘면 끝에 있는 거울에 반사되어 다시 돌아옵니다. 원리는 대략 이렇습니다. 처음에는 강력한 레이저를 쏘아 두 개의 빔으로 나눕니다. 두 빔은 각각 4킬로미터 팔을 수백수천 번 왕복하면서 아주 작은 경로 차이를 크게 증폭시킵니다. 그런 후 다시 가운데서 두 빛이 만나 간섭무늬를 만듭니다.

평소에는 공간의 변화가 없기 때문에 간섭무늬가 일정하게 유지됩니다. 그러다가 중력파로 공간이 미세하게 출렁이면 두 팔 길이에 차이가 생기고, 이로 인해 간섭무늬가 변화합니다. 이 간섭무늬를 보고 중력파 변화를 감지하죠.

그런데 중력파로 공간이 출렁이는 정도는 무려 원자핵의 크기보다 작습니다. 이 정도로 작은 출렁임은 사실 일상에서도 매 순간 발생합니다. 지구에서는 거의 매일 미세한 지진이 발생해 중력파 신호보다 훨씬 큰 크기로 공간이 흔들립니다. 주변에 지나가는 자동차에 의한 진동도 이보다 큽니다. 심지어 수 킬로미터 떨어진 공항에 항공기가 착륙할 때 발생하는 진동도 중력파 효과보다 훨씬 큽니다.

그런데 어떻게 이런 작은 흔들림을 중력파라고 확신할 수 있을까요?

먼저 LIGO의 거울은 거의 공중에 떠 있습니다. 외부 진동을 최대한 차단해야 하기 때문입니다. 더불어 중력파의 진동은 일반적인 자동차나 지진 등의 진동과 주파수 특성이 다릅니다. 그래서 외부 진동이 들어와도 충분히 구분할 수 있습니다. 교실에서 쉬는 시간에 친구들이 떠들어도 누군가의 휘파람 소리는 잘 들리는 것과 비슷하죠.

심지어 연구원들이 한곳에 모이면 질량 분포가 변화해서 미세한 중력 차이가 발생하는데, 이런 효과까지도 계산하여 중력 잡음으로 처리한다고 하니 얼마나 정밀하게 측정하는지 짐작할 수 있습니다. 물론 빛이 진행하는 4킬로미터 공간은 우주 공간보다도 더 깨끗한 초고진공 상태로 만들어서 레이저가 손실 없이 전달되도록 합니다.

이걸로도 모자라 똑같은 시설을 수천 킬로미터 떨어진 곳에 하나 더 만들어서, 두 곳에서 거의 동시에 같은 신호가 나타나는지 확인하는 과정까지 거칩니다. 이런 과정을 거쳐 LIGO의 정밀도는 수 광년 떨어진 거리에서 머리카락 하나 굵기에 해당하는 상대적 거리 변화를 감지하는 수준입니다. 정말 입이 떡 하고 벌어지는 수준입니다.

중력파를 관측하는 이유

여기서 또 하나의 문제가 등장합니다. 아무리 눈부시게 정교한 장비를 사용해도 측정에는 자연이 허락한 절대적 한계가 존재한다는 점입니다. 그 이유가 바로 물체의 정확한 위치와 정확한 운동량을 동시에 완벽하게 알기란 불가능하다는 불확정성 원리 때문이었죠.

중력파를 측정하려면 거울 사이 거리 변화를 정확히 알아야 합니다. 공간이 늘어났는지 혹은 줄어들었는지는 결국 거울 사이 상대적 위치 변화로 나타나기 때문입니다. 그런데 문제는 빛이 거울에 도착하는 순간, 아주 작은 힘으로 거울을 때려서 거울이 미세하게 흔들린다는 점입니다. 이를 복사압이라고 합니다.

빛을 강하게 비춰 거울의 위치 변화를 정확히 알고자 하면 복사압 효과가 커져서 거울이 흔들리고, 이에 따라 거울의 운동량 불확정성이 커집니다. 그렇다고 빛을 약하게 비추면 도달하는 광자 수가 줄어들어서 간섭무늬가 불안정해지므로 거울의 위치를 정확히 알기 어려워집니다.

결국 운동량의 불확정성을 줄이기 위해 빛을 약하게 하면 위치의 불확정성이 커지고, 위치를 정확히 알기 위해 빛을 강하게 하면 운동량의 불확정성이 커지는 진퇴양난의 상황에 놓입니다. 자연은 이 두 가지를 동시에 완벽하게 줄이는 일을 허락하지 않습니다. 즉, 불확정성 원리가 LIGO의 측정 정밀도에 근본적인 한계를 가한다는 뜻입니다.

하지만 과학자들은 이 한계를 단순히 받아들이는 데서 멈추지 않았습니다. 빛은 파동이기 때문에 위상이라는 정보를 가지고, LIGO가 실제로 측정하는 것이 바로 두 빛의 위상 차이입니다. 그래서 과학자들은 빛의 위상 잡음은 줄이고, 상대적으로 덜 중요한 세기 잡음은 늘리는 방식으로 빛의 상태를 조절하는 방법을 고안했습니다.

이는 불확정성 원리를 어기지 않고, 불확정성이 허용하는 범위 안에서 측정에 방해되는 잡음을 측정에 덜 중요한 방향으로 밀어낸 것이라 할 수 있습니다. 듣고 싶은 소리가 잘 들리도록 다른 소음을 한쪽으로 몰아낸 것과 비슷합니다.

과학자들이 중력파를 연구하는 이유

중력파 측정은 우리 상상보다 훨씬 어려운 일입니다. 우주는 거의 들리지 않는 속삭임으로 우리에게 말을 걸기 때문입니다. 불확정성은 그 속삭임을 듣는 데 한계가 있음을 알려 줍니다. 그런데도 우리는 왜 이 힘든 관측을 할까요? 그 이유는 중력파가 주는 의미가 너무 크기 때문입니다.

중력파는 빛이 알려 주지 않는 우주의 장면을 볼 수 있게 해 줍니다. 지금까지 우리는 우주를 오직 빛으로만 관측해 왔습니다. 그러나 블랙홀의 충돌이나 중성자별의 병합 같은 극단적인 사건은 빛을 거의 내지 않거나 아예 방출하지 않습니다. 중력파는 이런 사건에서도 반드시 발생하므로 우리는 중력파로 이전에는 볼 수 없던 우주의 격렬한 순간을 직접 확인할 수 있습니다.

또 중력파는 우주의 탄생 흔적을 직접 확인할 가능성을 열어 줍니다. 현재 빛으로 관측할 수 있는 가장 오래된 우주는 우주가 탄생하고 약 38만 년이 지난 모습입니다. 하지만 중력파는 그보다 훨씬 이전, 우주가 막 태어났을 때의 정보를 담고 있을 가능성이 있습니다. 따라서 중력파 연구는 우주가 어떻게 시작되었는지 근본적인 질문에 다가가도록 해 주는 중요한 단서와 같습니다.

덧붙여 중력파는 중력 이론이 정말로 완전한지 시험하도록 해 줍니다. 중력파는 아인슈타인의 일반 상대성 이론에서 예측된 현상입니다. 중력파를 실제로 관측하고 형태를 분석하는 과정은 이 이론이 극한의 상황에서도 적용될 만큼 정확한지를 검증하는 가장 강력한 방법입니다. 만약 예측과 다른 결과가 나타난다면 우리는 새로운 물리 법칙의 문턱에 서게 될지도 모릅니다.

마지막으로 중력파 연구는 인간이 자연의 한계에 도전하는 과정에서 새로운 기술들을 얻게 해 주었습니다. 중력파를 측정하기 위해 과학자들은 지구의 진동, 레이저의 잡음, 불확정성 원리에서 비롯한 양자 잡음까지 이해하고 극복해야 했습니다. 이 과정에서 개발된 기술들은 우주 연구에만 쓰이지 않습니다. 초정밀 레이저 안정화 기술과 진동 차단 기술, 신호 처리 알고리즘은 GPS와 위성 항법 시스템의 정밀도 향상, 의료 영상 장비의 신호 분석, 초정밀 센서와 반도체 공정 기술에 적용되어 우리 일상과 밀접한 분야에도 활용됩니다.

2015년 9월 14일. 이러한 노력의 결과로 중력파는 실제로 관측되었으며, 이듬해 2월 11일 공식 발표되었습니다. 곧이어 2017년 노벨물리학상 수상으로 이어졌어요. 아인슈타인이 중력파의 존재를 예측한 지 약 100년 만에 이루어진 역사적인 순간이었습니다. 중력파 연구는 인간의 끈기와 호기심이 우주의 깊은 비밀에 닿을 수 있음을 보여 준 사례입니다. 그리고 이 여정은 앞으로도 계속될 것입니다.

5.
철새가 지도 없이
방향을 찾는 비결은?

푸른 하늘을 가로지르는
양자역학

양자 100분 토론
"서울과 뉴욕의 바둑알"

사회자 "시청자 여러분, 안녕하십니까. 오늘 주제는 양자 얽힘 quantum entanglement입니다. 제가 아주 간단한 예를 들어 보겠습니다.

두 개의 바둑알이 있습니다. 하나는 흰색, 하나는 검은색. 각각 주머니에 담아, 서울에 사는 A와 뉴욕에 사는 B에게 하나씩 줍니다. 두 사람은 서로 바둑알을 확인할 수 없고, 주머니를 열기 전까지는 자신의 바둑알이 흰색인지 검은색인지 모릅니다.

그런데 서울에서 A가 주머니를 열어서 흰색을 보는 순간, 뉴욕의 B가 가진 바둑알은 즉시 검은색이 됩니다. 오늘은 이 현상을 두 거장이 토론합니다. 아인슈타인 교수님, 보어 교수님, 어서 말씀해 주시죠."

아인슈타인의 바둑알 논리

아인슈타인 "바둑알 말입니까? 당연히 색깔은 이미 정해져 있는 거죠. 서울 사람이 흰색을 뽑았다면 뉴욕 건 검은색일 뿐. 이게 뭐가 신기합니까? 보어 선생은 꼭 마술사처럼 '보는 순간 색깔이 정해진다'고 말하지만, 저는 그런 기이한 원격 작용 같은 건 인정 못 합니다."

보어 "아인슈타인 선생, 또 시작이군요. 얽힘은 단순히 '미리 정해진 색깔'이 아닙니다. 두 바둑알은 주머니가 열리기 전까지는 흰색도, 검은색도 아닌 상태로 동시에 존재합니다. 서울에서 하나를 확인하는 순간, 뉴욕의 다른 하나도 즉시 결정되는 거죠. 이건 마술이 아니라 양자 세계의 진실입니다!"

아인슈타인 "무슨 소리입니까! 보어 선생, 그러면 뉴욕에서 주머니를 열기 전까지, 바둑알이 흰색이면서 동시에 검은색이라고요? 세상이 그렇게 모호하다면, 제가 밤에 보는 달은 내가 눈을 감으면 사라진다는 말입니까? 말도 안 됩니다! 자연은 그렇게 장난스럽지 않아요."

보어 "달 얘기 또 나오네요. 선생님, 달 타령 좀 그만하시죠.

달은 크고 안정적이라 그렇게 생각하실 수 있겠지만, 전자와 광자 같은 작은 입자는 다릅니다. 실제로 얽힘은 이미 실험으로 확인됐습니다. 예를 들어, 광자 한 쌍을 만들어서 멀리 떨어뜨려 놓아도, 한쪽의 편광을 측정하면 다른 쪽의 편광이 즉시 정해집니다. 전자스핀도 마찬가지죠. 두 전자가 얽혀 있으면, 한쪽이 위라면 다른 쪽은 반드시 아래로 나옵니다. 실험은 거짓말하지 않습니다."

아인슈타인 "실험이요? 보어 선생, 우리가 지금 보고 있는 건 단지 불완전한 이론의 그림자일 뿐입니다.

당신은 마치 우리가 모든 걸 안다고 가정하는 듯 말하고 있습니다. 저는 믿습니다. 우리가 아직 알지 못하는 숨은 요인, 즉 '알려지지 않은 변수'가 있을 뿐이라고요. 그게 밝혀지면 이 어처구니없는 얽힘이라는 이야기는 사라질 겁니다. 세상은 그렇게 즉흥적으로 움직이지 않습니다. 자연은 단단하고, 예측 가능해야 합니다."

보어 "숨은 변수라니요? 선생님은 늘 모르는 게 있으면 '아직 발견하지 못한 뭔가가 있겠지' 하고 넘어가시죠. 그건 과학이 아니라 변명 아닙니까? 얽힘은 지금 이 순간에도 실험실에서 일어나고 있습니다. 서울과 뉴욕의 바둑알은 정말로 연결되어 있습니다. 왜 이 단순한 사실을 인정하지 않으십니까?"

아인슈타인 "보어, 당신은 늘 실험 타령만 합니다! 실험만으로는 원리를 설명할 수 없습니다.

실험을 맹목적으로 따라가는 건 과학이 아니라 데이터 숭배일 뿐입니다. 과학자는 논리와 직관으로 자연의 질서를 꿰뚫어야 합니다!"

보어 "논리와 직관이요? 선생님 논리와 직관대로라면 지구에서 보면 태양이 움직이니, 아직도 지구가 태양을 돌지 않고 태양이 지구를 도는 줄 알았을 겁니다. 실험이 보여 주는 걸 무시하면서 '내 직관이 옳다'고 주장하는 건, 과학자가 아니라 완고한 꼰대의 태도입니다!"

아인슈타인과 보어의 '얽힘'

아인슈타인 "꼰대라니! 보어, 지금 나에게 인신공격을 하는 겁니까? 내가 상대성 이론을 발표할 때 당신은 《하이탑 고등학교 물리학 2》를 풀고 있었을 겁니다. 좀 겸손해지세요. 당신의 이론대로라면 서울과 뉴욕 사이에 초광속 신호가 오가는 셈입니다. 모든 신호는 빛의 속력을 뛰어넘을 수 없어요. 상대성 이론과 정면 충돌하지 않습니까? 당신 같은 사람은 내 이론의 기초 위에서만 말할 수 있다는 걸 잊었습니까? 내가 없었으면 당신은 지금도 코펜하겐에서 싸구려 맥주나 마시고 있었을 거요!"

보어 "좋습니다, 아인슈타인 선생! 하지만 당신이 만든 이론만 붙잡고 있는다면, 과학은 한 발짝도 나아가지 못했을 겁니다.

노벨상 하나 받았다고 이제 신의 입장에서 세상을 재단하시는 모양인데, 선생님, 과거의 영광에 안주하는 순간 과학자는 화석이 됩니다! 당신은 지금 자신이 쓴 교과서에 갇혀서, 교과서 밖의 세상을 보지 못하고 계십니다!"

사회자 "잠깐만요, 잠깐만요! 이러다가 진짜 물리적으로 '얽힘'이 일어날 것 같습니다. 두 분 진정하시죠! 시청자 여러분, 정리하겠습니다.

아인슈타인 교수님은 '바둑알 색은 이미 정해져 있다. 얽힘은 우리가 모르는 다른 요인 때문이다'라는 의견이시고, 보어 교수님은 '색깔은 관측 순간에 정해진다. 얽힘은 실제이며 실험이 증명한다'라고 주장하십니다.

이 논쟁은 오늘 끝나지 않을 것 같습니다. 과학의 위대한 두 별이 충돌하는 장면, 오늘 여러분은 목격하셨습니다.

흥미롭게도 이 두 분의 논쟁 자체가 마치 양자 얽힘처럼 보입니다. 한 분이 확신을 강하게 주장할수록 다른 분은 정반대 입장으로 더 강하게 반응하시네요. 어쩌면 이 토론이야말로 가장 완벽한 '얽힘'의 예시가 아닐까 싶습니다.

오늘 토론은 여기서 마치겠습니다."

철새 몸속 나침반을 찾아라!

1.

1959년, 독일의 조류학자 구스타프 크라머는 이탈리아 남부 칼라브리아 지역에서 비둘기를 연구하고 있었습니다. 칼라브리아는 구두처럼 생긴 이탈리아 지도에서 발가락 부분에 해당하는 곳으로, 3,000미터가 넘는 높은 산과 울창한 숲이 있어서 동물 관찰에 최적의 장소였습니다.

크라머는 조류가 어떻게 방향을 찾는지 궁금했습니다. 그는 새들이 태양의 위치를 보고 길을 찾는다고 생각했죠. 사람이 태양은 동쪽에서 떠서 서쪽으로 진다는 사실을 아는 것처럼, 새들도 태양을 나침반 삼아 이동한다는 가설이었습니다. 이를 증명하기 위해 크라머는 흥미로운 실험을 했습니다. 1951년에 그는 유럽찌르레기^european starling를 새장에 넣고 거울로 태양의 위치를 속였습니다. 예를 들어, 실제로는 동쪽에서 떠오른 태양이 남쪽에서 떠오르는 것처럼 보이게 만든 것이죠. 결과는 놀라웠습니다. 속임수에 넘어간 새들은 풀어 주었을 때 집으로 돌아가는 길을 제대로 찾지 못하고 헤맸습니다. 새들이 정말로 태양을 이용해서 방향을 찾는다는 증거였습니다. 크라머는 칼라브리아에서 태어난 새끼 비둘기들을 대상으로 더 깊이 있는 연구를 진행하려고 했습니다. 이 지역의 비둘기는 멀리 이동했다가 다시 둥지로 돌아오는 능력이 다른 조류에 비해 뛰어나다고 알려져 있었죠.

마침 바위비둘기^rock pigeons 둥지를 발견한 크라머는 아찔한 암벽을 올라 낭떠러지 근처에서 둥지로 손을 뻗었습니다. 순간 발밑에서 작은 돌이 부서지며 몸의 균형을 잃었습니다. 크라머의 몸은 암벽을 따라 거칠게 미끄러져 내려가다 순식간에 계곡 속으로 사라졌습니다. 며칠 뒤 그의 두 아들이 위험한 바윗길을 따라 내려가 아버지를 찾았을 때, 그는 이미 강가 바위 위에 고요히 잠든 듯 누워 있었습니다. 그의 부고 기사에 세계적인 동물행동학자 콘라트 로렌츠는 이렇게 말했습니다.

"그는 새들의 비밀을 밝히려는 열정 속에서 생을 마감했지만, 그의 연구는 오늘도 과학의 나침반이 되어 우리를 이끌고 있다."

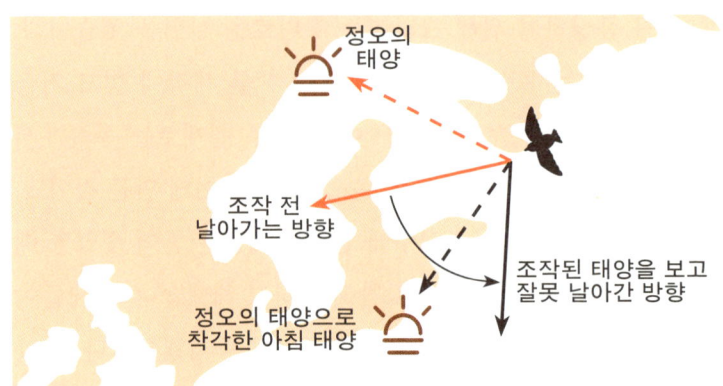

비둘기의 생체 시계를 6시간 앞뒤로 이동시킨 후
비둘기의 방위 변화

이후 호프만과 슈미트쾨니히는 크라머의 연구를 이어받아 비둘기가 방향을 찾을 때 태양을 이용하는 방식을 좀 더 정교화했습니다. 그들은 비둘기 사육장에 빛을 비추는 시간을 조작해서 새의 생체 시계를 실제보다 6시간 정도 앞당겼습니다. 이를 시계 이동 실험이라고 합니다. 전등으로 인공 태양을 만들어 태양이 뜨고 지는 시간을 빨리 돌려서 생체 시간이 실제보다 빠르게 흐르도록 한 것이죠. 예를 들어 아침 6시에 남쪽 전등을 환하게 켜 줘서 새들이 오후 12시인 것처럼 느끼도록 조작한 것입니다. 이렇게 며칠을 적응시킨 후 맑은 날 야외에 새를 풀어 주고 이동을 관찰했습니다. 정상적인 새들은 태양의 위치를 보고 고향 방향을 찾아 날아갔는데 생체 시계가 바뀐

새들은 아침 태양을 정오 태양이라고 생각하고 90도 정도 틀린 방향으로 날아갔습니다. 아침 태양과 정오 태양은 대략 90도 차이가 납니다. 이로써 새들이 생체 시계를 갖고 있으며 태양 위치를 기준으로 방향을 찾는다는 가설이 힘을 얻었습니다.

반론도 만만치 않았습니다. 다른 연구자들이 흐린 날 비슷한 실험을 하면서 태양이 잘 보이지 않는 날에도 비둘기가 비교적 길을 잘 찾아간다는 사실을 밝혀냈습니다. 그러니 이 가설만으로는 충분히 설득력이 없었죠. 게다가 6시와 12시는 태양이 떠 있는 높이(고도)가 다르기 때문에 태양의 위치로만 방향을 찾는다는 가설에는 여러모로 부족한 점이 많았습니다.

2.

1966년, 프랑크푸르트대학의 부부 동물학자인 볼프강 빌츠코와 로스비타 빌츠코는 흥미로운 가설을 세웠습니다. 새들이 방향을 찾을 때 태양의 위치만 이용하는 것이 아니라, 사람이 나침반을 사용하듯 지구 자기장을 감지하는 생체 나침반을 몸속에 내재하고 있으리라고 생각한 것입니다. 그들은 장거리 이동으로 유명한 철새인 유럽울새european robin를 실험 대상으로 선택했습니다. 크라머가 태양 위치를 속인 것처럼, 이들도 인공 자기장을 만들어서 새들을 속이는 실험을 설계했습니다. 새들이 있는 우리에 커다란 자석을 설치해서 지구 자기장과 다른 방향으로 자기장을 만들어 준 것입니다. 실험 결과는 놀라웠습니다. 한동안 인공 자기장 속에서 생활한 울새들은 겨울이 되어 남쪽으로 이동할 때, 실제 지구 자기장이 아니라 조작된 자기장 방향을 따라 이동했습니다. 이는 조류가 자기장을 이용해서 방향을 찾는다는 최초의 실험적 증거였습니다.

1972년, 빌츠코 부부는 더욱 세밀한 연구를 《사이언스》지에 발표했습니다.[2] 새들은 인간이 사용하는 단순한 N극·S극 나침반보다 훨씬 정교한 시스템을 사용한다는 사실을 밝혀냈죠. 여러 차례 실험하면서 그들은 새들이 자기력선과 지면이 이루는 각도[*]를 인식한다는 사실을 알아냈습니다. 북반구 고위도에서 자기력선은 땅속으로 기울어 들어가는데, 새들은 이 기울어지는 방향을 북쪽으로 인식하는 듯 보였습니다. 즉, 새들은 단순한 극성이 아니라 '경사 나침반'이라는 업그레이드된 나침반을 사용하고 있던 것입니다.

새들의 방향 감지 능력이 예상보다 훨씬 정교하다는 사실이 밝혀지자, 조류학자들의 관심이 급증했습니다. 이후 비둘기, 오리 등 다양한 조류를 대상으로 한 실험에서도 이들이 자기장을 이용해서 방향을 찾는다는 사실이 확인되었습니다.

그럼에도 일부 생화학자는 이 가설에 완전히 동의하지 못했

---

[*] 복각이라고 합니다. 북반구에서는 위도가 높을수록 복각이 커지고, 자북(자기 북극)에서는 수직입니다.

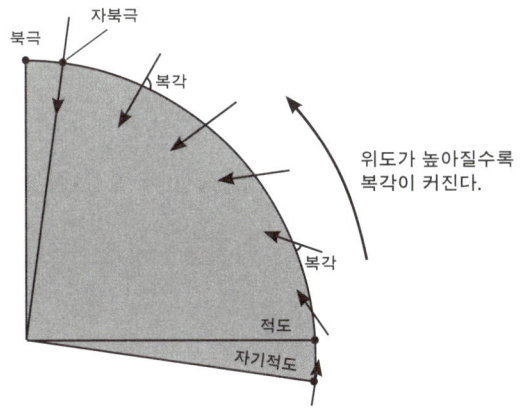

북극
자북극
복각
위도가 높아질수록
복각이 커진다.
복각
적도
자기적도

북반구에서 지구 자기장이 지면으로 들어가는 방향

습니다. 새가 자기력선의 경사를 감지한다는 점은 실험으로 입증되었지만, 정작 어떤 감각 기관이나 분자가 그 역할을 하는지는 불명확했기 때문이죠. '자기장 경사 감지 센서'가 어디에 있는지 밝히지 못한 것이 큰 약점이었습니다. 극지방 주변으로 이동하는 철새를 연구한 일부 연구자도 강력한 의문을 제기했습니다. 자북극 주변에서는 자기장이 수직으로 들어가기 때문에 자기장의 기울기만으로는 방향을 알 수 없었기 때문입니다.

무엇보다 가장 이상한 점은 역설적으로 이 이론을 처음 제안한 빌츠코 부부의 연구 보고서 자체에 있었습니다. 빌츠코 부부는 자기장 실험을 하면서 변인 통제를 위해 빛이 없는 환경에서도 실험을 진행했습니다. 그런데 이상하게도 빛이 없는 환경에서는 새의 경사 나침반 기능이 완전히 사라졌습니다. 당시에는 자기장의 경사를 감지한다는 놀라운 발견에 모든 관심이 집중되어, 왜 빛이 필요한지는 별달리 설명하지 않았죠. 그러나 이 작은 관찰이 훗날 새들의 방향 감지 메커니즘을 이해하는 데 중요한 단서가 됩니다.

3.

도대체 새 몸속 어디에 나침반이 있는 걸까요? 과학자들은 이제 이상한 실험으로 새들을 괴롭히는 것으로도 모자라 새의 머릿속을 해부할 생각을 했습니다. 그들의 호기심은 잔인하게도 수많은 새들의 머리를 잘게 쪼갠 후 강한 자기장을 걸어서 그 속에서 나침반을 찾는 방식을 고안했습니다. 그러다가 의외로 부리에서 철^{Fe} 성분을 찾아냈습니다.[3] 머리가 아닌 부리에서 자기장에 반응하는 조직을 찾은 것입니다.

연구자들은 열광했습니다. 지구 자기장보다 수만 배 더 큰 자석을 부리에 부착하고 새를 놓아주니 예상대로 길을 잘 찾지 못했습니다. 연구자들은 바로 비둘기를 잡아다가 강력한 자기장을 발생시키는 MRI에 돌려 보았습니다. 하지만 얼마 가지 않아 부리에 있는 철 성분은 방향 찾기용 나침반이 아닌 면역 세포임이 밝혀졌습니다. 수년에 걸친 연구로 애꿎게도 부리가 큰 새들만 희생되었습니다.

유럽울새

그러다 일부 과학자들이 유난히 또렷한 새의 눈에 집착하기 시작했습니다. 빛이 없는 환경에서 새의 나침반 기능이 사라졌다는 빌츠코 부부의 연구 결과도 이때쯤 새롭게 주목받았죠. 이제 눈빛이 심상치 않은 수많은 새가 공포에 떨어야 했습니다. 그중 내비게이션을 품은 것처럼 먼 거리를 정확히 이동하며 살아가는 유럽울새가 다시 표적이 되었습니다. 과학자들은 유럽울새를 포획하고 눈을 해부해서 자기장에 반응하는 조직을 찾기 시작했습니다. 유럽울새는 길을 잘 찾는다는 이유만으로 수십 년간 희생되었습니다.

1978년 독일계 미국인 생물물리학자 클라우스 슐텐은 새를 해부하지 않고도 이 문제를 해결할 이론적 근거를 발표합니다.[4] 그는 양자역학 연구로 유명한 독일의 막스플랑크 연구소에서 양자생물물리학을 연구했습니다. 그곳에서 그는 눈 속에서 일어나는 특별한 화학 반응이 새의 나침반 역할을 한다고 주장했습니다.

과정은 대략 이렇습니다. 빛이 눈으로 들어오면 망막이라는 곳에 상이 만들어집니다. 빛은 망막을 이루는 분자에서 전자가 튀어 나가게 합니다. 보통 전자는 쌍을 이뤄 안정한 결합 상태를 이루는데, 빛이 이 결합을 깨트리면서 짝이 깨진 두 개의 전자가 만들어집니다. 이를 '라디칼 쌍$^{radical\ pair}$'이라고 합니다. 이 전자쌍은 지구 자기장에 민감하게 반응해서 화학 반응 결과가 조금 달라지게 만듭니다. 그 차이가 신경 신호로 바뀌며 눈에 특별한 패턴을 만들어서 방향을 찾도록 도와준다는 것입니다. 이를 '라디칼 쌍 메커니즘 가설'이라고 합니다.

라디칼 쌍 메커니즘의 핵심은 새들이 지구 자기장을 인지해서 시각화한다는 점입니다. 자기장 정보의 전달 경로가 시각에 있다는 것은 마치 자동차 유리창 너머로 길을 알려 주는 헤드업 디스플레이를 눈에 장착한 것과 같습니다. 철새의 내비게이션은 생각보다 편리하고 또 정교했죠.

이전까지 과학자들은 분자 수준에서 실제 나침반 역할을 하는 철 성분 조직이나 세포를 찾았습니다. 몸에서 상대적으로 큰 자석 덩어리를 찾으려 한 것이죠. 하지만 새의 길 찾기 기능은 분자 수준이 아닌 그보다 훨씬 더 작은 전자 수준에서 일어나는 일이었습니다. 전자는 해부해서 들여다본다고 알 수 있는 종류가 아니라는 사실을 과학자들은 알고 있었습니다. 전자의 행동은 양자역학의 영역이니까요. 그제야 과학자들은 새들을 해부하기를 그만두었습니다. 양자역학이 수많은 새의 목숨을 살린 셈입니다.

그러나 이러한 발견에도 몇 가지 문제는 해결되지 못한 채 남았습니다. 지구의 자기장은 매우 약해서 전자가 가진 자기장과 상호작용하기에는 무리가 있었습니다. 전자는 스스로 작은 자석처럼 행동하는데 이를 '스핀 spin'이라고 합니다. 전자의 스핀과 지구 자기장의 상호작용은 세기가 작아서 미덥지 않았습니다. 또 생체 세포 환경은 물과 단백질이 끊임없이 요동쳐서 잡음이 많은데, 그 안에서 이 작은 상호작용이 제대로 유지될지도 의문이었습니다. 마지막으로 어떤 단백질에서 이런 반응이 일어나는지도 불분명했습니다.

철새들의 방향 찾기 기술은 생물학의 영역을 넘어 더욱 심오한 양자역학적 주제로 과학자들을 이끌어 가고 있었습니다.

떨어져도 함께타는 전자스핀

철새가 어떻게 수천 킬로미터를 이동하면서도 길을 잃지 않는지 알아내려는 과학자들의 노력은 결국 양자역학과 맞닿았습니다. 그 중심에는 전자의 독특한 성질, 바로 스핀이 있습니다. 스핀은 영어로 '빙글빙글 돌다'라는 뜻인데, 그렇다면 전자가 실제로 작은 공처럼 제자리에서 도는 걸까요?

사실 그렇지 않습니다. 전자는 크기가 없는 점 입자입니다. 수학적으로 점은 부피도, 넓이도 없는 존재죠. 따라서 점이 스스로 회전한다는 말은 물리적으로 큰 의미가 없습니다. 양자역학에 따르면 전자는 특정한 위치에 딱 박혀 있는 것이 아니라, 어떤 위치에 있을 확률로만 표현됩니다. 그러니 전자가 크기가 있거나 회전한다는 말은 양자역학에서는 말도 안 되는 이야기입니다.

그런데도 전자가 도는 것처럼 행동한다는 사실이 밝혀진 계기가 있습니다. 바로 1922년의 유명한 슈테른-게를라흐 Stern-Gerlach 실험입니다. 연구자들은 전자와 같은 미시 입자들을 강한 자기장 속으로 보내 보았습니다. 놀랍게도 전자들은 단순히 흩어지지 않고, 위쪽과 아래쪽 두 갈래로 갈라져서 검출기에 찍혔습니다.

물리학자들은 크게 당황했습니다. 전자는 단순히 음전하를 가진 입자일 뿐인데, 왜 자기장에 끌리거나 밀려났을까요? 관찰을 거듭한 끝에 그들은 전자가 마치 작은 막대자석처럼 N극과 S극을 지닌다는 사실을 알아냈습니다. 즉, 전자는 외부 자기장에 반응해 위나 아래로 정렬되었으며, 이는 전자가 내부적으로 작은 자기 모멘트 magnetic moment* 를 가진다는 뜻이었습니다.

이 성질로 인해 마치 전자가 스스로 회전하면서 자기장을 만들어 내는 듯 보였기에, 물리학자들은 이 고유한 속성에 이름을 붙여야 했습니다. 실제로 전자가 도는 것은 아니지만, 가장 비슷한 이미지를 주는 말은 스핀이었습니다. 그래서 전자의 고유한 자기적 성질은 결국 스핀이라는 이름으로 굳어졌습니다.

*　물체가 자기장과 반응하여 힘을 받는 정도를 나타내는 물리량입니다.

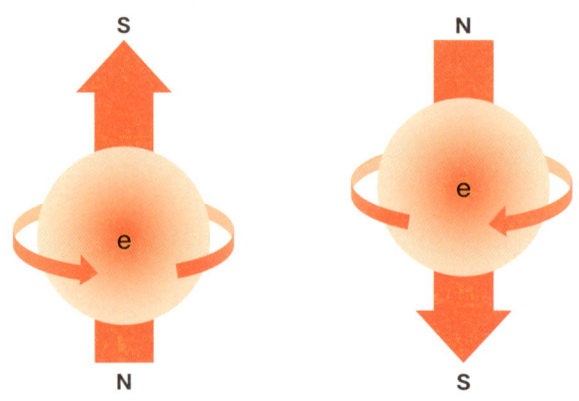

전자가 자전하는 것과 비슷한 효과를 내는 전자의 스핀

전자는 이렇듯 음전하를 가지면서 동시에 작은 막대자석처럼 행동합니다. 전자 하나하나가 일종의 미니 나침반인 셈이지요. 전자 수십억 개의 스핀이 방향이 제멋대로라면 전체적으로는 효과가 사라집니다. 그런데 만약 스핀들이 한 방향으로 줄을 맞추어 정렬된다면 어떨까요? 바로 우리가 일상에서 보는 강력한 자석이 됩니다.

따라서 자석의 근본 원리는 사실 거대한 미스터리가 아니라, 전자들이 가지는 스핀의 정렬에 있습니다. 거대한 자석도 결국은 미세한 전자들의 작은 나침반들이 모두 같은 방향을 바라보면서 만들어 내는 하나의 집단 현상인 것이죠.

지구도 하나의 커다란 자석입니다. 그래서 지구 주변에는 자기장이 있고 나침반이 지구 자기장 방향으로 정렬됩니다. 우리는 나침반의 N극이 가리키는 방향을 북쪽으로 인지합니다. 새들의 눈 속에 있는 전자들도 작은 자석 나침반이므로 지구 자기장에 반응하죠. 문제는 이 세기가 매우 작고 주변에 잡음이 많다는 점이었습니다.

자기장과 라디칼 쌍의 상호작용

새들은 미약한 지구 자기장을 어떻게 감지할까요? 이 문제는 지금까지도 많은 물리학자를 혼동에 빠트리는 양자 얽힘이라는 개념으로 설명할 수 있습니다.

새의 눈에 빛이 들어와 망막 속 분자를 때리면 전자 두 개가 튀어나와 라디칼 쌍을 만듭니다. 이 두 전자는 출발할 때부터 서로 강하게 연결되어 있습니다. 이를 양자역학에서는 '얽힌 상태'라고 합니다. 즉, 전자 하나의 스핀이 위 방향($\uparrow$)이면 다른 전자는 반드시 아래 방향($\downarrow$)으로 얽혀 있습니다.

문제는 이 전자들이 지구 자기장과 상호작용하면서 스핀 방향이 달라진다는 점입니다. 얽혀 있는 두 전자는 따로따로 영향을 받지 않고 함께 반응합니다. 한 전자가 자기장과 상호작용하면, 얽힘 때문에 다른 전자도 자동으로 같이 영향을 받아요. 바로 이 양자 얽힘이 라디칼 쌍 메커니즘의 핵심 원리입니다.

지구 자기장은 매우 약해서 보통의 화학 반응이나 분자 움직임에는 큰 영향을 주지 못합니다. 그런데 얽힌 상태인 전자들은 미세한 자극에도 함께 반응합니다. 원래는 감지하기 어려울 정도로 약한 지구 자기장과의 상호작용이 얽힘을 매개로 눈에 띄는 화학 반응 신호로 증폭되는 것입니다. 새는 이 차이를 감지해서 방향을 알아내는 것이죠.

양자 얽힘은 물리적으로도 매우 신기한 현상입니다. 특히 얽혀 있는 두 입자를 멀리 떨어뜨려 놓아도 서로 즉시 영향을 미친다는 점에 당시 많은 물리학자가 동의하지 못했습니다. 마치 서울에 사는 쌍둥이 형이 배가 고프면 부산에 사는 쌍둥이 동생이 동시에 배고픔을 느낀다는 말과 같았죠. 심지어는 이 쌍둥이 동생을 매우 멀리 떨어진 안드로메다은하로 보내도 형과 동시에 배고픔을 느낍니다.

이 사실은 양자역학을 싫어하던 아인슈타인에게 매우 비과학적으로 받아들여졌습니다. 서로 얽혀 있기만 하면 아주 멀리 떨어진 입자도 서로 정보를 주고받는다고? 양자역학이 매우 못 미덥던 아인슈타인은 이참에 양자역학을 박살 내려고 마음먹었던 모양입니다. 곧바로 생각을 같이하는 물리학자를 수소문해서 두 물리학자를 모았습니다. 아인슈타인은 포돌스키, 로

젠과 함께 1935년 양자 얽힘의 허구를 지적하는 논문을 발표합니다. 이것이 EPR 역설^{Einstein-Podolsky-Rosen paradox}이라는 유명한 논쟁의 시작입니다.

이 논쟁 가운데 아직도 많은 사람이 흥미로워하는 '국소성'에 관한 부분만 바둑알로 비유해 설명해 보겠습니다. 두 개의 바둑알은 하나는 검은색이고 다른 하나는 흰색입니다. 각각 주머니에 담아서 하나는 서울에 사는 A가 갖고, 다른 하나는 뉴욕에 사는 B가 갖습니다. 이 주머니를 열기 전까지 두 사람은 자신이 가진 바둑알의 색깔을 알 수 없습니다. 이것이 양자역학의 중첩 상태입니다. 양자역학은 만약 서울에 사는 A가 주머니를 열어 검은색을 확인하면 뉴욕에 있는 B의 바둑알 색깔이 동시에 흰색으로 정해진다고 말합니다. 두 바둑알이 양자적으로 얽힌 상태이기 때문입니다. 우리는 당연히 이렇게 생각합니다. 원래부터 A는 검은색이었고 B는 흰색이었다고 말이죠. 우리가 몰랐을 뿐 이미 정해졌던 것이라고요. 아인슈타인도 같은 생각이었습니다.

그런데 바둑알이 아닌 전자나 광자는 다르다는 것입니다. 전자스핀은 관찰하기 전까지는 상태를 알 수 없습니다. 위 방향이기도 하고 아래 방향이기도 합니다. 그런데 얽혀 있는 두 전자를 서로 수십 광년 떨어뜨려 놓고 하나의 전자를 관측해서 방향(위 방향 등)을 알아내면, 수십 광년 떨어진 다른 전자는 바로 반대 방향(아래 방향 등)으로 정해진다는 거예요. 둘 사이 거리는 빛의 속력으로 수십 년이 걸릴 정도로 멀어서, 상대방의 스핀 종류를 알고 순식간에 자신의 스핀을 바꾸는 정보 교환이 일어날 수 없는데도 이런 일이 일어난다는 겁니다.

1972년 미국 프린스턴대학의 존 클라우저와 스튜어트 프리드먼은 실제로 이것이 가능한지 광자를 이용해서 실험했습니다. 1981년 프랑스의 과학자 알랭 아스페도 광자의 편광 방향을 이용하여 비슷한 실험을 했습니다. 결과는 놀랍게도 기이한 원격 작용인 '양자 얽힘'은 존재한다는 것이었습니다.

아인슈타인이 세상을 떠난 1955년 이후로 그가 평생 거부해 온 양자역학의 타당성을 입증하는 실험들이 이어졌습니다. 아이러니하게도 그는 자신이 틀렸다는 사실을 증명할 결과들을 보지 못한 채 눈을 감았습니다. 1954년, 생의 마지막 해를 보내던 그는 동료들에게 이런 편지를 남겼습니다.

"나는 양자역학의 근본적 완결성에 여전히 의문을 품고 있다."

누구보다 양자역학을 불신한 천재 물리학자의 마지막 고집이었습니다.

작은 눈 속 양자가 펼치는 춤

이제 철새의 눈에서 일어나는 기막힌 방향 탐지 기술을 양자 얽힘으로 설명할 수 있게 되었습니다. 망막에서 빛을 받아 튀어나온 전자는 작은 나침반과 같은 스핀을 갖고 있습니다. 이 전자쌍은 서로 얽혀 있어서 미약한 지구 자기장과 상호작용을 합니다. 이제 철새가 어떻게 방향을 감지하는지 알아볼 차례입니다.

철새의 눈에서 얽혀 있는 두 전자, 라디칼 쌍은 지구 자기장뿐만 아니라 주변의 다른 원자핵에 영향을 받아서 스핀 방향이 변합니다. 그래서 처음에는 두 전자의 스핀 방향이 서로 반대인 싱글렛(↑↓)이었지만 시간이 지나면서 같은 방향인 트리플렛(↑↑ 또는 ↓↓)으로 변하기도 합니다. 이런 상호작용이 지속적으로 일어나면 전자의 스핀 방향은 싱글렛과 트리플렛 사이를 오가며 진동합니다. 이 전환 속도나 비율은 자기장의 세기와 방향에 따라 달라집니다. 이때 전자의 스핀 방향에 따라 만들어지는 화학 생성물이 달라집니다. 화학 생성물의 비율이 바뀌면 그 차이는 망막의 전기 신호로 전환되는데, 새들은 이를 감지해 방향을 알아냅니다.

리듬의 변화를 감지하기

철새들이 이렇게 복잡하고 정밀한 방식으로 방향을 탐지한다니 놀랍습니다. 우리에게 난해한 양자역학 개념이 실제 동물의 생존 전략으로 쓰인다는 사실이 처음에는 쉽게 믿어지지 않을지도 모릅니다. 그래서 과학자들은 일반인에게 설명할 만한 여러 비유를 고안했는데, 그중 하나가 바로 '춤' 비유입니다.

라디칼 쌍을 두 명의 댄서로 상상해 봅시다. 처음에 이들은 서로 반대 방향을 바라보며 싱글렛 춤을 시작합니다. 마치 탱고에서 한 사람이 앞으로 나가면 다른 사람이 뒤로 물러나듯이요. 그런데 무대 위의 조명(지구 자기장)과 관객의 움직임(주변 원자핵의 자기장)이 이들에게 영향을 줍니다. 그 결과 두 댄서는

진동

싱글렛과 트리플렛 진동을 춤에 비유한 그림

때때로 트리플렛으로 같은 방향을 바라보기도 합니다. 이렇게 '반대 방향 보기'와 '같은 방향 보기'를 오가는 리듬이 곧 전자의 스핀 진동이고, 조명의 각도와 밝기(자기장의 방향과 세기)에 따라 이 리듬이 달라집니다. 새의 뇌는 이 리듬 변화를 감지해서 지구 자기장의 방향을 알아내는 것입니다.

라디칼 쌍 반응의 인상적인 점은 이 모든 과정이 눈에서 일어난다는 사실입니다. 전자의 스핀 전환은 단 몇 마이크로초(100만분의 1초) 동안만 지속되지만, 화학 반응 경로를 바꾸기에는 충분합니다. 이 반응은 시신경을 거쳐 뇌로 전달되는 신호에 영향을 주며, 새는 마치 눈에서 추가적인 시각 정보를 보는 것처럼 방향 정보를 얻습니다.

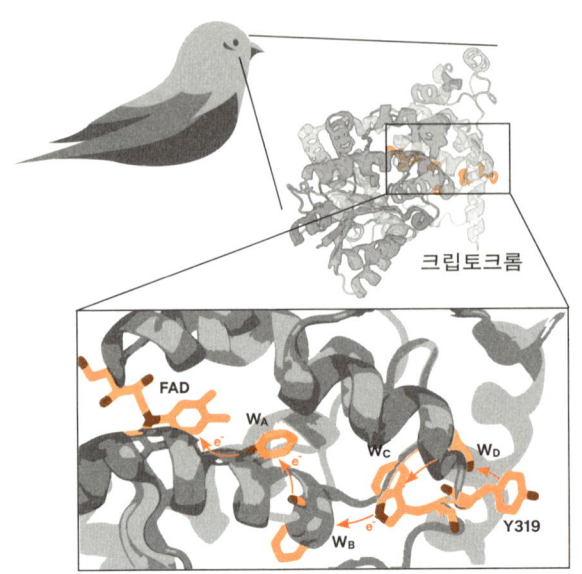

조류의 눈에서 방향 감지에 관여하는 크립토크롬 단백질 구조

　이 정밀한 메커니즘이 사실인지 증명하고자 과학자들은 많은 실험을 해 왔습니다. 그 결과, 빛에 반응하는 분자가 크립토크롬이라는 단백질이라는 사실이 밝혀졌습니다. 또 전자의 스핀이 주변 전자기파에도 영향을 받을 만큼 민감한지 확인하고자, 인위적으로 약한 라디오파를 쏘아 새들이 실제로 방향을 잃는지 실험하기도 했습니다. 예측한 대로 새들의 방향 탐지는 약한 전자기파에도 교란받을 수 있다는 사실이 확인되었습니다.[5] 지금까지의 결과로 보면 라디칼 쌍 모형은 철새의 방향 감

지를 비교적 잘 설명합니다.

물론 아직도 의문은 남아 있습니다. 망막의 화학 반응이 어떻게 뇌 신경과 연결되어 '방향 감각'으로 구체화되는지 완전히 밝혀지지 않았습니다. 모든 동물이 양자 얽힘을 활용하는 것도 아닙니다. 어떤 동물은 자철석 같은 미세한 자석을 몸속에 가지고 있고, 거북이나 곤충은 또 다른 자기 감지 기관을 활용합니다. 과학자들은 이런 다양한 메커니즘이 어떻게 진화 과정에서 선택되고 발달했는지 연구하고 있습니다.

해킹이 절대 불가능한
양자 암호 통신

철수는 요즘 고민이 많습니다. 좋아하는 영희에게 "오늘 같이 매점 갈래?"라는 편지를 쓰고 싶은데, 장난꾸러기 친구가 중간에 가로채서 읽으면 어쩌나 하는 걱정 때문입니다. 직접 전달하면 좋겠지만 다른 친구들이 눈치챌 것 같아 길동이에게 대신 전달해 달라고 부탁했는데, 길동이를 도저히 믿을 수가 없습니다. 철수의 이 소박한 고민은 사실 인류가 수천 년 동안 고민해 온 문제입니다. 전쟁터의 군사 통신, 은행 계좌 비밀번호, 대통령 핫라인까지. 결국 핵심은 하나입니다. "메시지를 안전하게 전달하려면 어떻게 해야 할까?"

오늘날 우리는 편지 대신 카카오톡 같은 메신저를 쓰지만,

도청의 위험은 여전합니다. 그래서 암호화 기술이 필요합니다. 크게 세 가지 방식이 있는데, 첫째는 대칭 키 암호입니다. 보내는 철수와 받는 영희가 메시지를 열고 잠글 수 있는 같은 열쇠를 갖는 방식입니다. 먼저 철수는 비밀 상자를 준비해 안에 편지를 넣고 열쇠로 잠급니다. 그러고 편지 상자는 길동이를 통해, 중요한 열쇠는 다른 친구를 통해 영희에게 전달합니다. 철수가 편지 상자를 잠그면, 영희도 똑같은 열쇠로만 상자를 열 수 있습니다. 간단한 방식이지만 문제가 있습니다. 열쇠를 전달할 때 누가 열쇠를 복사해서 상자를 열면 편지는 들통나 버리죠.

둘째는 공개 키 암호입니다. 말 그대로 열쇠 하나를 공개하는 방식입니다. 철수가 편지 보내기를 매번 실패하는 게 짜증이 났던 영희는 반대로 철수에게 자신의 방법을 따르라고 얘기합니다.

"편지 상자를 줄 테니 편지를 거기에 넣고 잠가서 보내."

그러고는 편지 상자와 상자를 잠그는 열쇠 만드는 법을 학교 게시판에 공개하고 누구든 사용하라고 말합니다. 철수도 의심받지 않고 사용할 수 있죠. 영희의 편지 상자와 자물쇠는 특수합니다. 잠그는 열쇠(공개 키)와 여는 열쇠(개인 키)가 서로 다르기 때문이죠. 누구나 잠글 수 있지만, 푸는 건 영희만 가능합니다. 철수는 영희가 공개한 열쇠로 상자를 잠그고, 영희는 오직 자신만 가진 개인 열쇠로 상자를 엽니다. 중요한 열쇠를 전달할 필요가 없으니 안심이 되죠. 그런데 이 방식에도 문제가 있습니다. 실제 암호를 해독하는 계산이 복잡하고 느리다는 점이죠.

셋째는 혼합 방식입니다. 실전에서는 이 둘을 섞습니다. 먼저 공개 키 암호로 비밀 열쇠(대칭 키)를 안전하게 교환한 뒤, 그다음부터 대칭 키 암호로 빠르게 메시지를 주고받습니다. 지금 우리가 쓰는 인터넷, 은행, 메신저가 모두 이 방식입니다.

‖ 인수분해 암호 통신의 종말 ‖

여기서 문제가 하나 있습니다. 모든 암호는 결국 '수학 문제를 풀기 어렵다'는 가정에 기대고 있습니다. 예를 들어 볼까요? 두 소수를 곱하기란 쉽습니다. 17×19=323, 계산기로 1초면 됩니다. 하지만 반대로 323이라는 숫자를 보고 '어떤 두 소수를 곱한 거지?'라고 묻는다면 이야기가 달라집니다. 일일이 나눠 보며 찾아야 합니다. 이게 바로 인수분해입니다. 숫자가 작으면 금방 찾지만, 만약 100자리 숫자*를 인수분해 해야 한다면 모

---

* 실제 RSA 암호 체계에서는 600자리 이상의 수를 인수분해 합니다. 이를 해독하기란 현실적으로 불가능해 매우 안전합니다.

든 후보를 확인하는 데 슈퍼컴퓨터로도 수백 년이 걸립니다.

현재 공개 키 암호는 바로 이 원리를 이용합니다. 암호를 만들기는 쉽지만(곱셈), 암호를 풀기는 엄청나게 어렵습니다(인수분해). 물론 영희는 인수분해를 좀 더 쉽게 풀 수 있는 개인 키를 갖고 있어서 두 소수를 쉽게 구할 수 있습니다. 그런데 만약 길동이가 미래의 양자 컴퓨터를 갖고 이 문제를 푼다면 어떻게 될까요? 앞서 얘기한 바와 같이 양자 컴퓨터는 양자 중첩 원리를 활용한 알고리즘으로 인수분해를 동시에 계산할 수 있습니다. 따라서 개인 키가 없는 길동이도 수백 자리 숫자의 인수분해를 단 몇 분 만에 해치웁니다. 그러면 오늘날의 암호는 쉽게 뚫릴 수 있습니다.

따라서 미래의 양자 컴퓨터 등장에 대비한 더 안전한 암호 통신 방법이 필요합니다. 공교롭게도 이것 역시 양자역학을 이용합니다.

‖ 빛으로 잠그는 새로운 암호 키 ‖

이제 양자역학을 활용한 양자 암호 통신^{Quantum Key Distribution, QKD} 방법을 알아봅시다. 양자 세계에서는 광자 하나가 동시에 위쪽과 아래쪽 상태일 수 있습니다. 이것이 양자 중첩 원리이죠. 그런데 누군가 관찰하는 순간, 중첩이 붕괴하면서 둘 중 하나로 확정됩니다. 얽힘 상태의 두 광자를 멀리 떨어뜨려 놓아도 한쪽을 관찰하는 순간 다른 쪽의 상태가 정해집니다. 이것이 양자 얽힘입니다. 철수가 위 방향을 보면 영희는 무조건 아래 방향으로 확정입니다. 둘 사이에 아무것도 전달되지 않았는데도요. 아인슈타인은 이를 '기이한 원격 작용'이라며 믿기 싫어했지만, 실험 결과는 명확했습니다. 얽힌 입자는 정말 존재합니다.

이 얽힘을 이용하면 완벽한 암호 키를 만들 수 있습니다. 과정은 이렇습니다. 광자 두 개를 얽힌 상태로 만듭니다. 하나는 철수에게, 하나는 영희에게 보냅니다. 철수가 위를 관측하면 영희는 아래를, 철수가 오른쪽 방향이면 영희는 왼쪽 방향을 얻습니다. 이를 여러 번 반복하면 둘은 같은 무작위 숫자 표, 즉 암호 키를 동시에 얻습니다.

만약 길동이가 중간에서 훔쳐보면 어떻게 될까요? 길동이가 훔쳐보는 순간 광자는 중첩이 붕괴합니다. 그 순간 철수는 얽혀 있는 자신의 광자가 붕괴한 것을 보고 도청을 알아차립니다. 또 암호 키 내용도 얽힘이 깨지면서 결과가 뒤죽박죽되어서 도청한 데이터는 의미가 없어집니다. 이게 바로 양자 암호 통신입니다. 인수분해 같은 수학 문제가 아니라 자연 법칙 자체에 기대는 암호예요. 양자 컴퓨터가 와도 뚫을 수 없습니다.

이론은 멋지지만, 실제로 가능할까요? 문제는 광자의 얽힘 상태가 공기 중에서는 여러 간섭 때문에 오랫동안 유지되기 힘들다는 점입니다. 중국 과학자들은 공기가 없는 우주에서는 얽힘을 유지할 수 있는 시간이 길 것으로 예상했습니다. 그래서 우주에서 실험을 하기로 계획합니다. 2016년 8월, 중국은 세계 최초로 양자 통신 전용 위성 묵자墨子, Mozi를 쏘아 올렸습니다. 이름은 2,400년 전 빛과 렌즈를 연구한 고대 과학사상가 묵자에서 따왔습니다. 고대의 과학자가 우주 시대 양자 통신 위성의 이름이 된 것입니다.

묵자 위성은 세 가지 놀라운 실험을 했습니다. 첫째, 얽힌 광자 분배 실험입니다. 묵자 위성은 얽힌 광자 쌍을 만들어 지상의 두 기지국으로 보냈습니다. 두 기지국 사이 거리는 1,200킬로미터 이상으로, 서울과 베이징 사이 거리예요. 그런데도 얽힘은 깨지지 않았습니다. 이전 기록(수십 킬로미터)을 수십 배 뛰어넘는 세계 기록이었습니다.

둘째, 양자 키 분배 실험입니다. 두 기지국은 위성에서 보낸 얽힌 광자로 똑같은 비밀 키를 만들었습니다. 이 키로 실제 암호화된 사진을 교환했는데, 도청 흔적이 전혀 없었습니다. 위성을 이용한 글로벌 보안 통신 가능성을 입증한 세계 최초 사례였습니다.

셋째, 양자 텔레포테이션teleportation 실험입니다. SF 영화에서처럼 사람이 순간이동하는 건 아닙니다. 이 실험에서는 광자의

《사이언스》지 356호 표지에 실린 묵자 위성

양자 상태 정보(스핀 방향 등)를 1,400킬로미터 떨어진 곳으로 전송하는 데 성공했습니다. 물질이 아니라 정보가 순간이동한 것이죠. 이것도 세계 최초였습니다.

　　중국은 묵자 위성을 시작으로 양자 통신 위성 네트워크를 구축하고 있습니다. 미국, 유럽, 일본, 우리나라도 뒤질세라 연구에 속도를 내고 있습니다. 머지않아 군사, 외교, 은행, 의료 데이터 같은 국가 핵심 통신이 양자 암호로 보호될 것입니다. 언젠가는 우리 스마트폰도 '양자폰'이 되어, 해킹이 절대 불가능한 메시지를 주고받게 될지 모릅니다. 철수와 영희의 매점 데이트 약속도 양자 암호로 지켜지는 날이 올 거예요.

철수가 영희에게 편지를 안전하게 전하려 고민했던 것처럼, 인류는 늘 메시지를 안전하게 지키는 법을 찾아 왔습니다. 묵자 위성의 성공은 이제 인류가 자연의 근본 법칙, 양자 얽힘을 이용해서 세계 어디서든 해킹이 불가능한 통신을 할 가능성을 보여 주었습니다. 양자 암호 통신은 더 이상 공상과학이 아닙니다. 우주에서 내려오는 얽힌 빛이 만드는 새로운 자물쇠가 곧 우리 일상을 바꿀 것입니다. 그 열쇠는 누구도 훔칠 수 없습니다. 훔치려는 순간, 양자역학이 그 사실을 바로 알려 줄 테니까요.

민감해서 더 예리한 양자 센서

양자 얽힘을 처음 들으면 이런 생각이 듭니다.

"멀리 떨어져 있어도 서로 연결된다니, 이거 엄청난 기술 아닌가?"

맞습니다. 엄청난 기술이죠. 문제는 엄청나긴 한데, 너무 예민합니다.

양자 얽힘 상태에 있는 두 입자, 쉽게 커플이라고 비유합시다. 이 커플은 뭔가 텔레파시 같은 초능력으로 연결된 듯 느낍니다. 문제는 이 커플이 너무 예민하다는 점이에요. 옆에서 누가 기침만 해도, 주변 온도가 조금만 올라가도, 빛 한줄기가 스치기만 해도 "아, 분위기 깨졌어. 우리 헤어져" 하며 바로 얽힘이 깨집니다.

쉽게 말해 양자 얽힘은 극도로 조용하며, 주변에 아무런 물질이 없는, 초저온의 상태에서만 유지되는 연결입니다. 하지만 알다시피 현실 세계는 늘 시끄럽습니다. 노이즈가 넘쳐 나요. 공기 분자들이 쉴 새 없이 부딪히고, 열에 의해 입자들이 정신없이 흔들리며, 전자기파는 이곳저곳으로 날아다닙니다. 이런 환경에서 극도로 예민한 커플이 오래 관계를 유지하기란, 놀이공원 한복판에서 비눗방울 하나를 터뜨리지 않고 하루 종일 들고 다니기보다 훨씬 어렵습니다.

또, 양자 얽힘은 입자가 적을수록 유지하기 쉽습니다. 광자 두 개, 전자 두 개 정도면 그럭저럭 가능합니다. 아무리 까칠한 커플이라도 한 쌍만 있으면 주변에서도 비위를 맞춰 주기 쉽겠죠. 하지만 입자가 몇 개에서 수십 개로만 늘어나도 상황이 급격히 나빠집니다. 예민해진 커플들은 순식간에 얽힘이 깨지고 맙니다. 우리가 쓰는 작은 유리잔에도 원자가 수십억 개나 들어 있고, 우리 주변 물질들은 적게는 수천억 개, 많게는 수천조 개의 입자들로 구성되어 있습니다. 이렇게 많은 입자가 얽힘 상태를 질서 있게 유지하기란, 시끄러운 초등학교 급식 시간에 교장 선생님의 한마디로 전교생이 합죽이가 되는 일보다 훨씬 어려워요.

얽힘을 우리 주변에서 경험할 수 없는 이유는 하나 더 있습니다. 얽힘은 확인하는 순간 사라지기 때문입니다. 관찰하는 순간 얽힘이 끝나요. 이전에도 다루었지만, 양자 세계에서는 관측이 곧 개입입니다. 측정하는 행위 자체가 상태를 확정해 버리죠. 그래서 얽힘은 필요할 때마다 측정할 수 있는 고전적 상황이 아닙니다. 얽힘은 어떤 '상태'라기보다 '사건'에 가깝고, 한 번 활용하면 다시 같은 상태를 재현할 수 없습니다. 얽힘을 이용하려면 확인을 해야 하는데, 확인하는 순간 얽힘이 깨져버리는 거죠. 이게 양자 얽힘의 가장 큰 역설입니다.

결국 양자 얽힘이 일상의 기술로 쓰이지 않는 이유는 이렇습니다. 너무 예민하고, 너무 작으며, 너무 쉽게 깨지고, 확인할 수 없기 때문입니다. 정말 짜증 날 정도로 까칠한 것들이죠. 그렇다고 얽힘이 쓸모없다는 뜻은 아닙니다. 오히려 너무 특별해서 잘만 다루면 상상 이상의 효용 가치를 지닙니다.

신호는 증폭하고 잡음은 줄이기

이토록 다루기 어려운 양자 얽힘을 어떻게 활용할 수 있을까요? 물리학자들은 양자 얽힘의 가치를 이해했지만, 막상 활용할 방법을 찾기가 어려웠습니다. 그러다가 이렇게 까칠한 성격을 고치기보다 그 예민함을 장점으로 삼기로 마음먹습니다. 오래 붙잡아 두지 않고 측정하는 순간만 사용하며, 얽힘이 깨질 때 나타나는 반응 자체를 정보로 사용하기로 했죠. 이 발상의 전환에서 탄생한 기술이 바로 양자 센서입니다.

센서는 세상을 느끼는 감각입니다. 온도, 자기장, 중력처럼 눈에 보이지 않는 변화를 숫자로 바꾸는 장치죠. 문제는 우리가 감지하고 싶은 변화가 점점 더 미세해지고 있다는 점입니다. 의사는 몸속을 더 자세히 보고 싶어 하고, 과학자는 지구의 아주 작은 흔들림까지 알고 싶어 합니다. 하지만 기존 센서로는 한계가 있습니다. 약한 신호를 더 잘 느끼고자 신호의 세기를 키우면 잡음도 함께 커집니다. 아무리 성능을 올려도 더 이상 선명해지지 않는 지점이 존재하죠. 이때 등장하는 해법이 세상 예민한 양자 얽힘입니다.

양자 얽힘을 이용한 센서를 사용하는 MRI를 예로 들어 원리를 이해해 보도록 하죠. MRI의 원리는 비교적 단순합니다. 강한 자기장을 걸어 주면 우리 몸속 수소 원자들이 작은 나침반처럼 한 방향으로 정렬됩니다. 이 상태를 살짝 흔들어 주면 원자핵들은 다시 원래 상태로 돌아오면서 아주 약한 신호를 냅니다. MRI는 이 신호를 모아서 인체 내부의 영상을 만들어 냅니다. 문제는 이 신호가 극도로 미약하다는 거예요. 수소 원자는 원자 가운데서도 가장 작은 데다, 양성자와 전자가 하나뿐이라 만들어 내는 자기 신호도 터무니없이 작습니다. 더군다나

이 작은 자기장의 미세한 변화는 상상하기 힘든 수준입니다.

MRI에 적용된 양자 센서는 이 미세한 변화를 좀 더 눈에 띄게 만들어 줍니다. 양자 센서는 센서 내부의 입자들을 서로 얽힌 상태로 만듭니다. 이 얽힌 입자들이 환자 몸속 수소 원자에서 나오는 미세한 자기장 변화를 감지합니다. 얽힌 입자들은 혼자 있을 때보다 훨씬 민감하게 반응합니다. 어떤 변화가 한 입자에만 일어나지 않고, 여러 입자에 동시에 나타나기 때문이죠. 운동장에 수백 명이 모여 있는데 한 사람이 손가락을 까닥거리는 것은 알아채기 힘듭니다. 그런데 얽혀 있는 수십 명이 희미하게 들리는 음악의 리듬에 맞춰 손을 까닥거리면, 그 변화를 유심히 지켜보는 관찰자라면 알아챌 것입니다. 이처럼 작은 변화라도 많은 입자가 일제히 규칙적인 모습을 보이면 그 변화를 느끼기 쉽습니다.

양자 얽힘도 마찬가지입니다. 입자 하나의 변화는 미세하지만, 얽힌 여러 입자가 같은 방향으로 반응하면 그 변화는 증폭되어 드러납니다. 그래서 양자 센서는 작은 반응을 모아서 보여 주는 센서가 됩니다.

중요한 건 이 얽힘을 길게 유지할 필요가 없다는 점입니다. MRI에서는 측정이 이루어지는 그 순간만 얽힘을 유지하면 충분합니다. 측정이 끝나면 얽힘이 깨져도 문제가 되지 않아요. 오히려 깨짐 과정에서 나타나는 미세한 차이가 자기장의 변화를 더 정확하게 드러내 줍니다. 실제로 이런 방식으로 양자 센서는 기존 센서가 넘기 어려웠던 잡음의 한계를 뛰어넘어, 신호는 키우고 잡음은 줄이는 효과를 얻었습니다.

▌ 인간 감각을 넘어설 미래 ▌

현재 양자 센서는 의료 현장과 연구실을 중심으로 활발히 개발되고 있으며, 일부 분야에서는 이미 실험 단계를 넘어서 실제 응용을 향해 나아가고 있습니다. 특히 의료 영상 분야에서는 다이아몬드 칩 안에 존재하는 전자스핀(NV 센터*)을 이용한 양자 자기장 센서가 주목받고 있습니다. 이러한 센서는 기존 MRI로는 감지하기 어렵던 극도로 미약한 자기 신호까지 포착할 수 있어서 장차 더 낮은 자기장에서 선명한 영상을 얻거나, 분자 혹은 세포 수준의 미세한 구조를 연구하는 데 활용될 가능성이 제시되고 있습니다.

중력 센서와 자기장 센서 분야에서는 양자 기술의 잠재력이 더욱 분명하게 드러납니다. 초저온 원자를 이용한 양자 중력계는 지하 구조 탐사, 자원 탐색, 지질 연구뿐 아니라 군사·항

---

* 탄소 하나가 빠진 자리^{Vacancy} 옆에 질소^{Nitrogen} 원자가 대신 들어간 구조입니다. 즉 다이아몬드 속 탄소 자리에 생긴 작은 결함을 말합니다.

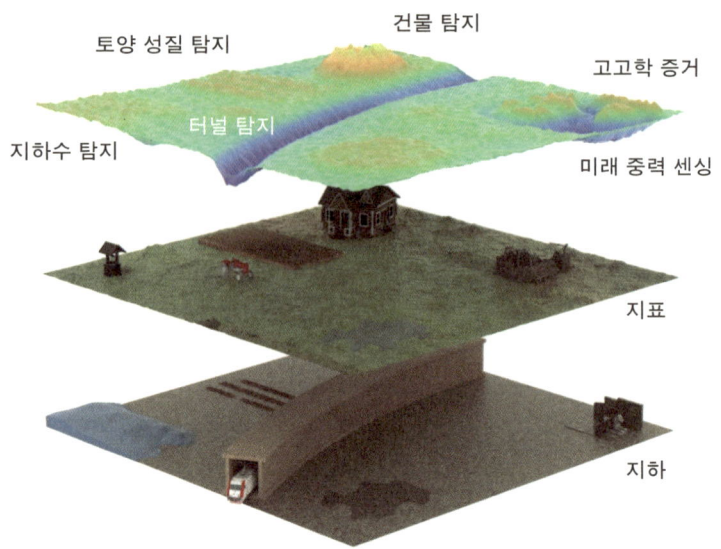

토양 성질 탐지   건물 탐지   고고학 증거

터널 탐지

지하수 탐지   미래 중력 센싱

지표

지하

지하 중력을 양자 센서로 측정하는 미래 예시

법 분야에서도 활용 가능성이 논의되고 있습니다. 양자 자기장 센서는 GPS 신호 없이도 위치 변화를 감지할 수 있을 만큼 높은 정밀도를 보여 주어, GPS를 사용하지 못하는 심해 잠수함이나 전파 교란 환경에서의 항법 기술로 연구되고 있습니다.

양자 센싱은 지구 환경을 이해하는 데에도 새로운 눈을 제공합니다. 중력의 미세한 변화를 추적하는 양자 중력계가 실용화되면 빙하가 녹는 속도, 해류 이동에 따른 질량 재분포, 지하수 고갈에 따른 중력 변화까지도 실시간에 가깝게 관측할 수 있습니다. 이는 기후 변화의 진행 상황을 정량적으로 파악하고, 과학적 근거에 기반하여 정책을 결정하는 데 중요한 역할을 할 것입니다.

양자 얽힘은 더 이상 공상과학의 장식품이 아니라, 보이지 않던 세계를 측정하는 도구로 변모하고 있습니다. 양자역학은 언제나 우리 직관을 배반해 왔습니다. 하지만 역설적이게도, 바로 그 낯설고 불편한 성질 덕분에 우리는 이전에는 상상조차 하지 못하던 정밀함으로 세계를 바라보게 되었습니다. 양자 얽힘으로 시작된 이 작은 연결은 이제 인간의 감각을 넘어, 자연 그 자체를 읽어 내는 새로운 언어가 되고 있습니다.

그리고 이 이야기는 아직 끝나지 않았습니다. 양자 얽힘이 우리를 어디까지 데려갈지는, 이제 막 자연에 첫 번째 질문이 던져졌기 때문입니다.

미주

1　Feynmann, Richard P. *The Feynmann Lectures on Physics* (Basic Books. 2011). Volume I, Chapter 26, Section 26-6 "How it works." 26-15. 원문은 다음과 같다. "But what does it do, how does it find out? Does it smell the nearby paths, and check them against each other? The answer is, yes, it does, in a way." "the wavelength tells us approximately how far away the light must 'smell' the path in order to check it."

2.　Wiltschko W & Wiltschko R. (1972). "The magnetic compass of European Robins." Science 176:62–64.

3　Williams, M. N. & Wild, J. M. (2001). "Trigeminally innervated iron-containing structures in the beak of homing pigeons, and other birds." Brain Research, 889:243–246.

4　Klaus Schulten, Charles E. Swenberg & Albert Weller (1978). "A biomagnetic sensory mechanism based on magnetic field modulated coherent electron spin motion." Zeitschrift für Physikalische Chemie, 108, 109–127.

5　Ritz, T., Thalau, P., Phillips, J. B., Wiltschko, R., & Wiltschko, W. (2004). "Resonance effects indicate a radical-pair mechanism for avian magnetic compass." Nature, 429, 177–180.

사진 출처

21쪽　https://www.flickr.com/photos/yellowcloud/5794359801

24쪽　https://commons.wikimedia.org/wiki/File:Fraunhofer_Lines.png

26쪽　https://science.nasa.gov/asset/webb/absorption-and-emission-spectra-of-various-elements/

29쪽　https://commons.wikimedia.org/wiki/File:Jersey_Christmas_pudding_pod%C3%AEn_d%27flieu.jpg

47쪽
(왼쪽)　https://commons.wikimedia.org/wiki/File:Kose_baseball_stadium_scoreboard_member(2012.8.11_Yokohama_DeNA_vs_Chunichi).JPG

47쪽
(오른쪽)
https://commons.wikimedia.org/wiki/File:Robertson_Stadium_
Scoreboard.jpg

72쪽
https://commons.wikimedia.org/wiki/File:Faraday_Michael_
Christmas_lecture_detail.jpg

75쪽
https://commons.wikimedia.org/wiki/File:Ouroboros.png

104쪽
https://commons.wikimedia.org/wiki/File:Scanning_Tunneling_
Microscope_schematic.svg

105쪽
https://web.archive.org/web/20210510184405/https://foresight.
org/UTF/Unbound_LBW/chapt_4.html

121쪽
https://commons.wikimedia.org/wiki/File:Calvin,_melvin.jpg

133쪽
(위)
https://commons.wikimedia.org/wiki/File:Two-Slit_Experiment_
Particles.svghttps://commons.wikimedia.org/wiki/File:Two-Slit_
Experiment_Particles.svg

133쪽
(아래)
https://commons.wikimedia.org/wiki/File:Two-Slit_Experiment_
Electrons.svg

154쪽
https://commons.wikimedia.org/wiki/File:IBM_Q_at_CES_
(39660636671).jpg

172쪽
https://esahubble.org/images/heic0516a/

179쪽
https://www.flickr.com/photos/86353974@N00/5233881140/

192쪽
https://www.bipm.org/en/-/2021-12-21-record-tai

200쪽
https://commons.wikimedia.org/wiki/File:LIGO_Hanford_aeri-
al_05.jpg

221쪽
https://commons.wikimedia.org/wiki/File:European_robin_on_a_
branch.jpg

242쪽
https://www.science.org/toc/science/356/6343

250쪽
https://commons.wikimedia.org/wiki/File:Underground_gravity_
quantum_sensing.png

추천 도서

채은미, 《처음 만나는 양자의 세계》, (북플레저, 2025)

데이비드 카이저 지음, 조은영 옮김, 《양자역학의 역사》, (동아시아, 2025)

이순칠, 《퀀텀의 세계》, (해나무, 2023)

정하웅 외, 《구글 신은 모든 것을 알고 있다》, (사이언스북스, 2013)

과학을 연결하는 최소한의 양자역학

초판 1쇄 발행 2026년 4월 13일

지은이 · 김상협

펴낸이 · 박선경
기획/편집 · 이유나, 지혜빈
홍보/마케팅 · 박언경, 김경률
표지 디자인 · studio forb
제작 · 디자인원(031-941-0991)

펴낸곳 · 도서출판 지상의책
출판등록 · 2016년 5월 18일 제2016-000085호
주소 · 경기도 고양시 일산동구 호수로 358-39(백석동, 동문타워 I) 808호
전화 · 031-967-5596
팩스 · 031-967-5597
블로그 · blog.naver.com/kevinmanse
이메일 · kevinmanse@naver.com
페이스북 · www.facebook.com/galmaenamu
인스타그램 · www.instagram.com/galmaenamu.pub

ISBN 979-11-93301-09-8/03420
값 19,800원